食品生物工艺专业改革创新教材系列

审定委员会

主　任　余世明

委　员　（以姓氏笔画为序）

　　　　王　刚　　刘海丹　　刘伟玲　　许耀荣　　许映花

　　　　余世明　　陈明瞭　　罗克宁　　周发茂　　胡宏佳

　　　　黄清文　　潘　婷　　戴杰卿

食品生物工艺专业改革创新教材系列　总主编 余世明

东南亚
风味菜肴

DONGNANYA
FENGWEI CAIYAO

主编 ◎ 王建金

暨南大学出版社
JINAN UNIVERSITY PRESS

中国·广州

食品生物工艺专业改革创新教材系列

编写委员会

总 主 编　余世明

秘 书 长　陈明瞭

委　　员　（以姓氏笔画为序）

王　刚　　王建金　　区敏红　　邓宇兵　　龙伟彦

龙小清　　冯钊麟　　刘海丹　　刘　洋　　江永丰

许映花　　麦明隆　　杨月通　　利志刚　　何广洪

何婉宜　　何玉珍　　何志伟　　余世明　　陈明瞭

陈柔豪　　欧玉蓉　　周发茂　　周璐艳　　郑慧敏

胡源媛　　胡兆波　　钟细娥　　凌红妹　　黄永达

章佳妮　　曾丽芬　　蔡　阳

编写说明

随着我国经济的发展，人民生活水平的不断提高，东南亚菜肴作为富有地区特色的菜式，广泛流行，深受大众的青睐。现许多烹饪院校也都开设了相关课程，但市面上有关东南亚菜肴的综合性书籍比较缺乏。

为了更好地适应中等职业技术学校西餐烹饪专业的教学要求，广东省贸易职业技术学校西餐烹饪教研室的专业教师和行业专家，根据广东省中等职业技术学校西餐烹饪专业教学的实际情况，特编写了本书。

本书系食品生物工艺专业（西餐烹饪方向）学生"东南亚风味菜肴制作"课程用书，是职业教育改革创新教材系列之一。

本书由广东省贸易职业技术学校的教学研究人员、一线教师和行业专家共同编写和审定，具有以下特点：

第一，突出职业教育特色。以满足企业对技能型人才的需要为依据，并结合职业技术院校烹饪专业教学的要求，合理确定教材的结构体系，理论与实践相结合。

第二，继承与创新相结合。紧贴行业的发展，将多位行业专家的菜肴配方融入教材，使教材具有鲜明的时代特征。

第三，在教材编写方面，力求文字表述通俗易懂，并尽可能多地使用图片，以增强教学的直观性，为学生营造良好的认知环境。

本书实训内容详细、全面，操作步骤标准、规范，操作过程细致、完整，是职业技术院校西餐烹饪专业较好的实训教材。

本书可作为职业技术院校烹饪专业教材，也可作为职工培训用书。

本书的特色在于"校企合作"，从专业论证到编写，都得到了行业专家，特别是东方宾馆厨师长黄永达师傅、白天鹅宾馆大厨傅若伟师傅的悉心指导。

本书由广东省贸易职业技术学校教师王建金主编，本书所有的产品由他和广东省贸易职业技术学校教师刘亮、黄水洁、郑思涛、李雁等制作。

全书的厨师卡通动画系列由广东省贸易职业技术学校动漫教研室吕建雄老师、吴颖敏老师绘制，在此一并致谢！

本书编者及产品制作者照片

王建金（本书主编）

黄永达（本书参编）

傅若伟（本书参编）

刘亮（本书参编）

黄水洁（本书参编）

郑思涛（本书参编）

李雁（本书参编）

CONTENTS

目录

模块二　汤类菜肴

模块三　小食类菜肴

模块五　主食类菜肴

模块 一

东南亚汁酱

师傅教路： 东南亚菜肴香味浓郁，口味复杂多变，种类繁多，这与该地区特产的香料以及极富特色的汁酱密不可分。

东南亚地处热带，气候湿热，汁酱口味偏重。重口味的汁酱可以起到刺激食欲的作用，同时各色香料又是最天然的防腐剂，可以极大地延长食物保存期限。

该地区的汁酱受到印度的影响较大，咖喱种类繁多。当地人将特有的新鲜香草融入到咖喱汁酱中，自成一派，影响深远。

印度黄咖喱酱

一、配方

原料	重量（g）	原料	重量（g）
洋葱	1 000	番茄	50
姜	100	红辣椒	50
大蒜	80	香叶	10
番茄膏	50	孜然	15
咖喱粉	100	姜黄粉	50
玛莎拉粉	30	丁香	15
腰果	100	桂皮	15
盐	20	椰浆	200

二、制作方法

1. 将红辣椒、姜、大蒜等分别切碎备用。

2. 将切成大块的洋葱与腰果一起放入蒸柜中蒸约20分钟至变软。

3. 开火后，将油温烧热至 120℃ 左右，加入丁香、孜然、桂皮、香叶，慢火炒香。

4. 然后加入切碎的红辣椒、姜、大蒜炒至出香味。

5. 加入番茄膏。

6. 将蒸好的洋葱、腰果放入榨汁机内搅打成汁。

7. 如果太稠可加入少量鸡汤稀释。

8. 将打好的洋葱汁酱倒入锅内。

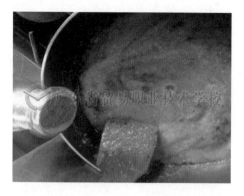
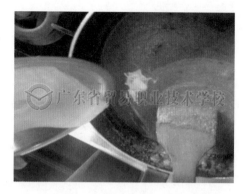

9. 分别加入咖喱粉、姜黄粉以及玛莎拉粉，搅拌均匀，熬煮约 30 分钟。

10. 最后加入新鲜番茄汁和椰浆，并加入盐调味后，熬煮约 10 分钟即可。

小贴士：

　　香料要炒出香味，火不能太猛，否则容易焦煳；倒入洋葱汁酱后还要注意搅动，以防止煳底和汁酱冒泡外溅。

三、产品照片

质量标准：
1. 色泽：偏黄色。
2. 形状：汁酱状。
3. 口味：香料味浓，回口有椰香味。
4. 口感：细腻。

知识拓展：

　　印度是著名的香料王国，可使用的香料超过 1 000 种，印度人连煮奶茶都要放香料。香料之所以风靡印度，与当地终年闷热潮湿的气候有关。用香料烹制的食物，不仅具有促进食欲和消化的功能，还利于保存。在印度的传统医学中，香料可作药用，例如姜黄，印度人认为姜黄的黄色是有药效的。

不论是街头小吃，还是酒店大餐，你都能从这些印度菜中找出十几种甚至几十种香料，并且融合得恰到好处。其实印度菜的食材相对单调，主要是鸡、羊、鱼，甚至让人觉得这些食材只是配料，而各种香料才是真正的主角。可以说，印度是一个用香料来诠释烹饪的国度，它是世界饮食版图中不可或缺的重要组成部分，印度饮食的发展影响了整个南亚与东南亚的饮食习惯。

风靡全球的咖喱就发源自印度，但是当地语言中并没有一类称为"咖喱"的食物。"curry"（咖喱）一词其实是英国人的发明，他们从印度南部的坦米尔语"Kari"得到灵感。"Kari"的含义比较复杂，可以大致理解为"多种香料混合""汁酱和肉、蔬菜、豆子等混合在一起煮"。因此，17世纪来到印度的英国人，便用"curry"描述当地的各种加入香料的食物，甚至把受印度文明影响的其他地区的类似食物也叫作"curry"，它是许多香料的结合品。

制作黄咖喱所需要的常见干香料有：姜黄粉、香菜籽、香叶、丁香、孜然、桂皮、小茴香、胡椒粒等。

印度咖喱种类繁多，家家户户都有自己的秘方。在印度，女儿出嫁时母亲会将世代相传的咖喱制作配方写在纸上交给女儿作为嫁妆。印度妇女做的咖喱菜式好坏也是检验她们是否贤惠的重要标准，由此可见咖喱在印度的重要性。

黄咖喱酱

一、配方

原料	重量（g）	原料	重量（g）
红辣椒干	100	香茅	50
香菜籽	50	大蒜	30
玉桂粉	30	咖喱粉	100
丁香	20	干芥末	20
红葱头	100	盐	20

二、制作方法

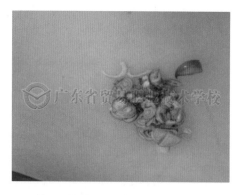

1. 将红葱头、香茅等分别切碎备用。

2. 开火后，将锅擦去水分，放入香菜籽，小火炒至出香味，倒出备用。

3. 将原料依次放入舂中研磨。　　　　4. 原料研磨均匀后倒出即可。

三、产品照片

质量标准：
1. 色泽：偏黄色。
2. 形状：酱状。
3. 口味：味咸，回口辣，咖喱味浓。
4. 口感：有颗粒感。

想一想：
黄咖喱酱与印度黄咖喱酱有什么区别？

风味大讲坛　东南亚常见香料（一）

东南亚是个大融合地区，自古以来大批华人迁徙至此，因此当地饮食受中餐的影响深远。在继承当地饮食习惯的基础上，许多菜肴都借鉴了中餐的做法，同时又采用当地食材，自成一派。下面就东南亚的一些香料作简单的介绍。

常见的东南亚香料		
名称	特点与用途	图片
青柠檬	青柠檬个小、表皮紧实，具有清新香气，味道酸，其在菜式中应用广泛，特别是在泰国菜肴中多会挤上一些青柠檬汁，使每一道菜都散发出青柠檬的清香，带有典型的东南亚味道	
黄柠檬	黄柠檬在菜式中应用广泛，多用于海鲜菜式，可以较好地去除腥味。黄柠檬的果肉色泽淡黄，味酸，具有浓郁的清香味	
柠檬叶	柠檬叶一般呈长圆形或椭圆形，具有很强的清香味道。其适用于海鲜、汤类和咖喱类菜肴，尤其在烹调海鲜及汤类菜肴时加入柠檬叶更可突出其清香的特点	

红咖喱酱

一、配方

原料	重量（g）	原料	重量（g）
红辣椒干	300	香菜根	20
大蒜	50	青柠檬皮	20
香茅	100	虾酱	10
南姜	50	香菜籽	10
红葱头	100	小茴香	10
白胡椒粒	20	盐	20

二、制作方法

1. 准备好所需材料。

2. 将红辣椒干去籽泡温水 15 分钟左右，香茅、红葱头、大蒜、青柠檬皮分别切碎备用。

 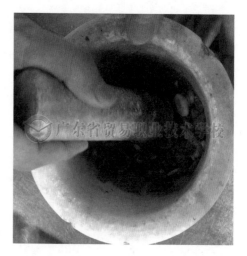

3. 开火后，将锅擦去水分，分别放入香菜籽、小茴香，小火炒至出香味，倒出备用。

4. 将红辣椒干倒入舂中，并加入盐搅拌均匀，然后将剩余原料依次倒入，碾碎并拌匀，倒出即可。

三、产品照片

质量标准：
1. 色泽：偏红色。
2. 形状：酱状。
3. 口味：偏辣，香料味浓。
4. 口感：有颗粒感。

风味大讲坛　东南亚常见香料（二）

　　由于东南亚炎热潮湿的特殊气候特点，使得辛辣味重的原料在东南亚菜式中使用比较广泛，下面介绍几种常见的相关原料。

常见的东南亚香料		
名称	特点与用途	图片
南姜	南姜是姜的一种，味道浓郁，外表像中国仔姜，不过较为硬实，是东南亚菜式的常用香料之一，多用作汤菜或烹煮咖喱。印尼当地常会把南姜浸于热水中煮30分钟左右，直至变软，切薄片浸泡于水中贮藏	
沙姜	沙姜原产非洲及亚洲的热带地区，喜生长在热带的沙土中。优质沙姜呈浅褐色，表皮略带光泽，久晒不瘪，皮薄肉厚，质脆肉嫩，辛辣中稍带甜味，含姜辣素高，有消食和去湿等功效	
干葱	干葱又叫红葱头，也是东南亚菜式烹调中不可或缺的增加香气的食材之一。形如洋葱，体格较小，辛辣中带有甜味，生吃熟吃皆可，加热后香气重，也是提鲜调味的香料	

青咖喱酱

一、配方

原料	重量（g）	原料	重量（g）
鲜青辣椒	500	香菜籽	20
青柠檬皮	30	白胡椒粒	20
香菜根	30	虾酱	10
红葱头	50	小茴香	10
南姜	50	盐	20
大蒜	50		

二、制作方法

1. 准备好所需原料。

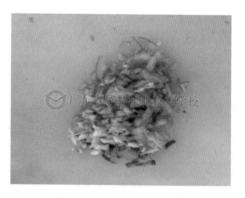

2. 将新鲜原料切碎备用。

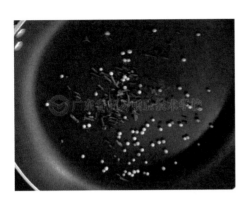 

3. 开火后放入白胡椒粒、小茴香，小火炒至出香味，倒出备用。

4. 将准备好的原料依次倒入舂里，碾碎并拌匀，倒出即可。

小贴士：

炒制香料时应注意用小火，搅打原料时应搅拌均匀。

三、产品照片

质量标准：

1. 色泽：偏青绿色。
2. 形状：酱状。
3. 口味：偏辣，香料味浓。
4. 口感：有颗粒感。

知识拓展：

青咖喱酱（Green Curry），泰文拼音为"Kaeng Khiao Wan"，又称绿咖喱酱。在制作青咖喱酱的过程中，通常会选用白胡椒粒。胡椒作为常见的调味料，在烹饪中具有赋辣除异、增香提鲜的作用。

胡椒源于印度，主要产于马来西亚、印度尼西亚、泰国及我国的华南和西南地区。

一般来说，按照采摘的时机和加工方式的不同，胡椒主要分为黑胡椒和白胡椒两类。

　　黑胡椒是由鲜果直接晒干而成的。将刚成熟或未完全成熟的果实采摘后，放在席上堆积曝晒 3 ~4 天，当果皮皱缩、颜色变成黑褐色时，就可以用木棒捶打脱粒，除去果梗、杂物以后再晒 1 ~2 天而成。黑胡椒气味芳香，有刺激性，味辛辣，选用时以粒大饱满、色黑皮皱、气味强烈者为佳。

　　白胡椒是除去果皮、果肉的胡椒籽晒干而成的。加工过程主要分为三大步骤：首先是浸泡，将成熟的果穗放在竹箩、麻袋里，在流水中浸泡 7 ~10 天。然后是洗涤，将已经浸泡好的果实放入大木桶、竹箩或者水池中踩踏，然后用水冲洗，除去果皮、果肉、果梗等残物，直至洗净为止。最后是干燥，将洗干净的胡椒籽放在晒场或晒席上，晒 3 ~5 天至充分干燥为止，经过风选就可以装袋。选用时以个大、粒圆、坚实、色白、气味强烈者为佳。

　　此外，常见的还有绿胡椒，即将未成熟的胡椒采摘下来，浸渍在盐水、醋里或冻干保存而得。

风味大讲坛　东南亚常见香料（三）

　　东南亚特产许多优质的香草，在饮食中得到了重要的体现，下面介绍几种常见香草：

常见的东南亚香料		
名称	特点与用途	图片
香茅	香茅也称柠檬草，原产于热带的印度、斯里兰卡、印度尼西亚等地区。香茅切开后可见如木质的鳞片纹，其叶、柄皆含有大量芳香油，常见于东南亚菜肴中，利用其清凉淡爽的柠檬香味和其他香料一起搅碎腌制肉类、海鲜等或做汤食用	
罗勒	罗勒又名甜罗勒、金不换或九层塔，与欧洲罗勒种较为相似，叶子两两对生，状如十字，花蕾带紫色。罗勒可自由搭配于汤品、海鲜或汁酱中，能增加菜肴味道，让香气变得更加浓郁	
薄荷	薄荷味清凉，东南亚常用香草。其叶片偏圆，叶纹路凹凸不平，既可作为调味剂，又可作为香料等。新鲜薄荷常用于制作沙律菜式或做装饰之用，还可以去除鱼及羊肉腥味，也可搭配水果及甜点，用以提味	

叻沙酱

一、配方

原料	重量（g）	原料	重量（g）
红葱头	200	番茄膏	20
香茅	30	鱼露	20
南姜	30	椰浆	200
大蒜	30	香椒油	20
红辣椒	30	桑巴酱	50

二、制作方法

1. 将新鲜香料分别切碎备用。

2. 锅中倒入色拉油和香椒油，加入切好的原料炒香，再加桑巴酱炒匀。

3. 加入番茄膏炒至除酸味。

4. 淋入鱼露调味。

5. 淋入椰浆，慢火熬煮约 5 分钟即可。

三、产品照片

质量标准：

1. 色泽：偏红色。

2. 形状：汁酱状。

3. 口感：有颗粒感。

4. 口味：咸鲜、微辣，有虾酱及椰浆香味。

知识拓展：

"Laksa"，中文音译为"叻沙"，它是红遍整个东南亚的菜品。叻沙是典型的最能充分体现娘惹菜特色的菜肴。其汤料以椰浆、香料和辣椒为主，香浓辛辣，配以粗米粉，再加上虾蛤等海鲜。叻沙分为常见于新加坡的咖喱海鲜椰浆式和常见于槟城的酸角虾膏鱼汤式。正宗的娘惹叻沙讲究椰浆的鲜味、鲜虾的甜味和自制辣椒油的辣味，是马来西亚及新加坡的特色菜式之一。

按照原料来分，叻沙可以分为叻沙料和米粉。叻沙料主料是洋葱，还有大蒜、南姜、香茅、红辣椒、食用油等，主料的配比和下锅的顺序都有所讲究。如果要把叻沙料分成小包装，就要把叻沙料放入陶缸中，待其慢慢冷却，再进行装袋。

而叻沙米粉，则是用叻沙料煮汤，浇在烫过的粗米粉上，再铺上对半切开的白煮蛋、豆芽、鱼片、虾仁、油豆腐、鸡肉等，有的还会浇上咖喱汤汁混合椰奶的香浓肉汁，酸辣咸甜具备。鲜艳的咖喱黄，每一勺都充满椰浆的香味。如果做法讲究一点的叻沙，还要加上一份新鲜的狮蚶。

马来西亚各地的叻沙风味不一，上乘的叻沙香味浓郁，最为著名的是吉打叻沙，它是用特制的粗米线，配上用鱼肉熬制的汤汁，味道酸中带辣，非常美味。沙捞越叻沙是婆罗洲的特色早餐，主料是米粉和豆芽，还有特制的香料，加上椰汁熬煮的汤汁，配以鸡丝、鲜虾仁、香菜，又香又辣。槟城叻沙也是远近闻名，各个摊档都有自己制作叻沙的秘方，在汤料和佐料上差异明显。阿三叻沙以酸辣料为主，其佐料包括黄梨片、薄荷叶、黄瓜丝等，加入鱼肉块一起熬制汤底，味道酸辣，醒神开胃。

桑巴酱

一、配方

原料	重量（g）	原料	重量（g）
红葱头	50	红辣椒	30
南姜	50	海米	300
香茅	50	鱼露	20
大蒜	50	罗望子汁	20
峇拉煎	100	糖	30
香椒油	20		

二、制作方法

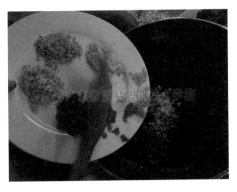

1. 开火后，加入适量色拉油及香椒油，倒入切碎的原料炒香。

2. 峇拉煎碾碎，放入烤箱，用140℃左右烤出香味，然后倒入锅中小火慢炒。

3. 将海米切碎，倒入锅内搅拌均匀，加入鱼露、罗望子汁调味。

4. 最后加入适量糖，搅拌均匀，小火慢熬 15 分钟即可。

三、产品照片

质量标准：
1. 色泽：深褐色。
2. 形状：汁酱状。
3. 口味：咸鲜，虾鲜味浓郁。
4. 口感：有颗粒感。

风味大讲坛　东南亚常见香料（四）

　　东南亚美食的味道最少不了的就是辣味，东南亚人特别擅长加入辣椒调味。另外，当地也盛产一些特有的香料，如香兰叶等。

常见的东南亚香料		
名称	特点与用途	图片
朝天椒	东南亚菜肴特别是泰国菜肴，其主要味道是酸、辣。酸是柠檬所致，辣是辣椒所致。朝天椒广泛应用于各类菜式的烹调中，它可以切碎拌菜或整只入菜烹制，多作调色、调味之用，其具有较好的刺激食欲的作用	
紫苏	紫苏是常见的增味香草之一，呈紫色，嫩枝呈紫绿色，嫩叶可生食。常将其用于小炒类菜式或煮菜中，也可作装饰之用	
香兰叶	香兰叶是东南亚菜肴中常用的香草，呈深绿色，长条形，拥有独特香味。可榨汁加入糖水饮用，也可做成小盒子盛载甜品或小吃，别具特色。将其榨汁后还可用来调味或调色，也别具一格	

泰国鸡酱

一、配方

原料	重量（g）	原料	重量（g）
红尖椒	100	糖	100
白醋	50	盐	20
清水	500	大蒜	50
生粉	20		

二、制作方法

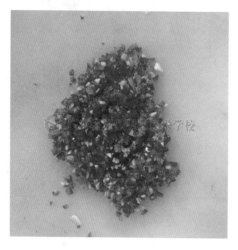

1. 红尖椒、大蒜切碎备用。

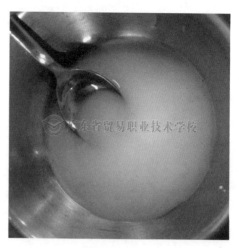

2. 生粉兑适量清水搅拌均匀，作芡汁备用。

3. 锅中煮开水后，加入红尖椒碎和蒜碎。

4. 搅拌均匀并煮开。

5. 加入糖、白醋和盐调味。

6. 将芡汁倒进锅中，煮至浓稠，倒出放凉即可。

三、产品照片

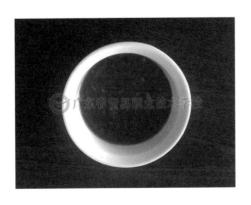

质量标准：
1. 色泽：偏红色。
2. 形状：汁酱状。
3. 口味：微辣，味酸甜。
4. 口感：较稠，有颗粒感。

知识拓展:

泰国鸡酱也被人称为泰式烧鸡辣椒酱,顾名思义,泰国鸡酱常作为烧鸡菜式的蘸酱食用。

泰国鸡酱口味酸酸甜甜,略带一点点辣味,除了作为佐料直接搭配菜肴外,也可以和其他佐料混合调配作蘸酱食用,应用于多种菜式,如煎、煮、烤、蒸、炸、炒等。由于其酸甜微辣的口味十分开胃,传入中国后,被很多厨师巧妙运用到中餐菜肴的制作中,特别是现在在粤菜菜式中常常使用到该汁酱。

泰国烧鸡做法简单,一般直接用火将鸡烤熟即可。人们在制作此菜式时多会选用泰国"屋鸡",即广东地区所说的"走地鸡"。这种鸡的肌肉质地结实,口感较好。

泰国传统的农村式房屋,会先以竹枝搭建房屋的主体结构,然而底部会留有一定的空间,之后才开始在上面搭建竹屋,这样可以使空气流通畅顺,房舍内也不会太闷。聪明的泰国人会利用屋底下的空间饲养家禽,任由它们自由走动。到了晚上,家禽会认路回到屋下。通过这种方式饲养的家禽肉质紧实,加上食用野生虫蚁,使其肉味浓郁,深受泰国民众的喜爱。

风味大讲坛　东南亚常见调料（一）

常见的东南亚香料		
名称	特点与用途	图片
黄咖喱粉	黄咖喱粉是多种香辛料混合调制成的复合调味品。咖喱发源于印度，黄咖喱粉的主要原料是姜黄粉伴以胡椒、肉桂、豆蔻、丁香、莳萝、孜然、茴香、香叶等原料。优质的黄咖喱粉香辛味浓烈，用热油加热后色不变黑，且色香味俱佳	
黄咖喱膏	黄咖喱膏的主要原料是姜黄粉伴以胡椒、肉桂、豆蔻、丁香、莳萝、孜然、茴香等，然后加油熬煮而成，呈酱状	
姜黄粉	姜黄是多年生、有香味的草本植物。味辛香，略带胡椒、麝香味及甜橙与姜的混合味。姜黄粉是姜黄根茎磨成的粉，可以用作调色，更多用于咖喱菜式的制作	

泰国沙律汁

一、配方

原料	重量（g）	原料	重量（g）
红尖椒	100	香茅	20
红葱头	50	柠檬汁	200
大蒜	50	鱼露	100
香菜根	50	糖	100

二、制作方法

1. 将所有原料切碎备用。

2. 将切碎的原料加入柠檬汁、鱼露、糖，搅拌均匀即可。

三、产品照片

质量标准：

1. 色泽：偏褐色。
2. 形状：汁水状。
3. 口味：偏辣，味酸。
4. 口感：有颗粒感。

想一想：

调汁时为什么用香菜根而不用香菜叶？

知识拓展：

泰国沙律汁常用于泰式凉拌菜式，泰国凉拌菜式的原料以海鲜、蔬菜、粉丝、米粉最为常见，也有以牛肉、鸡肉等为原料的菜式。泰国天气炎热潮湿，其凉拌菜式一般以酸、辣、甜为特色，具有很好的爽口开胃作用。

风味大讲坛 东南亚常见调料（二）

常见的东南亚香料		
名称	特点与用途	图片
峇拉煎	峇拉煎也称为"马拉盏"或"马来盏"，是一种当地产的虾膏。虾膏使用需经过加热程序，首先去除其特有的臭味后香气才能融入食材。它除了作为调味品，也常常用作下饭的配菜	
鸡饭老抽	鸡饭老抽的主要原料为黄豆，辅以糖、盐、苯甲酸钠、山梨酸、焦糖色等，多用于搭配海南鸡饭。选用新鲜仔鸡，蒸熟刷油后，配以蒸好的上等泰国香米，将鸡切块放于米饭上，淋上鸡饭老抽，配以甜辣酱、甜酸酱即为新加坡顶级美食海南鸡饭	
鱼露	鱼露是东南亚常见的咸味调味品，尤其以越南和泰国最为著名。当地人会把大量鲜鱼塞进瓦缸，加入盐后让其自然发酵，直至鱼肉发酵溶解。鱼露味道鲜美且极富营养价值	

沙爹酱

一、配方

原料	重量（g）	原料	重量（g）
花生	100	红咖喱酱	20
南姜	50	咖喱粉	20
香茅	50	姜黄粉	10
大蒜	50	鱼露	10
红辣椒	20	糖	30
香椒膏	50	椰浆	100
香椒油	20	盐	10

二、制作方法

1. 烤炉设定为160℃，将花生放入烤炉中，烤至酥脆，取出后碾碎并去皮备用。

2. 将红辣椒、南姜、大蒜、香茅等分别切碎备用。

3. 锅中加入适量色拉油及香椒油，加入辣椒碎、南姜碎、蒜碎及香茅碎，炒至出香味。

4. 加入香椒膏、红咖喱酱、咖喱粉、姜黄粉、糖、鱼露拌匀。

5. 加入花生碎，如果太稠，可加入适量鸡汤稀释。

6. 淋椰浆，加盐调味即可。

三、产品照片

质量标准：

1. 色泽：偏黄色。

2. 形状：汁酱状。

3. 口味：回口有辣味，咖喱和花生味浓。

4. 口感：较细腻，有颗粒感。

知识拓展：

沙爹酱是盛行于印度尼西亚、马来西亚和新加坡等东南亚地区的一种汁酱，原来是印度尼西亚的一种风味食品，因其是烤肉串（Sate）必用的一种复合调味料，所以也叫"Sate"。沙爹酱咸香辛辣，调味特色突出，传入潮汕和广州地区后，经过一代又一代厨师的改良，只选取其富含辛辣的特点，改用国内香料和主料制作，使其更符合国人的饮食需求，并音译"Sate"，称之为"沙茶"（潮汕话读"茶"为"爹"音）酱。沙爹酱色泽橘黄，质地细腻如膏脂，辛辣味突出，咸味略重且微带甜味。而沙茶酱色泽为淡褐色，呈糊酱状，具有大蒜、洋葱、花生等特殊的复合香味以及虾米和生抽的复合咸鲜味，带有轻微的甜味和辣味。

沙爹是一种在东南亚的夜市或者街边都可以吃到的平民美食，深受东南亚各国人民的喜爱。沙爹的意思就是烤串，不过沙爹在烤制之前，需要进行腌制，而腌制质量的好坏直接影响其风味。

沙爹用的肉有鸡肉、羊肉、牛肉等，用大蒜、香茅、姜、香菜籽、姜黄、酱油、椰浆等腌制一个晚上，再用竹签串成串后加以烤制。沙爹的精华部分在于最后要蘸上一层厚厚的沙爹酱。质量上佳的沙爹酱能够吃出花生的碎粒和香味，根据人们口味的不同，有的人喜欢把沙爹酱做得辣一点，而有的人则喜欢做得甜一点，各个国家的做法都稍有不同。

模块一自我测验题

选择题

要加油哦！

1. ( )以伊斯兰教为"国教"。
   A. 马来西亚　　　B. 越南
   C. 缅甸　　　　　D. 新加坡

2. 素有"热带宝岛"之称的国家是( )。
   A. 印度尼西亚　　B. 泰国　　　　C. 新加坡　　　D. 文莱

3. 咖喱发源于( )。
   A. 印度尼西亚　　B. 泰国　　　　C. 印度　　　　D. 马来西亚

4. 菜式中以酸辣口味为特色的国家是( )。
   A. 越南　　　　　B. 老挝　　　　C. 柬埔寨　　　D. 泰国

5. 制作沙爹酱时不需要的原料是( )。
   A. 花生　　　　　B. 葱头　　　　C. 咖喱粉　　　D. 酱油

6. 制作黄咖喱酱时不需要加入的是( )。
   A. 姜黄粉　　　　B. 大蒜　　　　C. 辣椒　　　　D. 辣根

7. 制作泰国沙律汁时不需要用到的原料为( )。
   A. 辣椒　　　　　B. 柠檬汁　　　C. 咖喱粉　　　D. 香茅

模块二

汤类菜肴

师傅教路： 很多东南亚的汤类菜肴都会运用到中式烹饪的理念并结合该地区的特产香料制作而成，例如：香茅、柠檬叶、薄荷等。其味道丰富多彩，特别是泰国的冬阴功海鲜汤、新加坡的肉骨茶等驰名海内外。

冬阴功海鲜汤

一、配方

原料	重量（g）	原料	重量（g）
虾仁	50	南姜	20
鱿鱼	50	朝天椒	10
青口	50	香菜根	10
鱼肉	50	柠檬叶	3 片
草菇	20	鱼露	10
虾壳	100	三花淡奶	5
香茅	20	柠檬	50
扇贝	50	香椒油	10
香椒膏	10		

二、制作方法

1. 将南姜切片，香茅斜切成片，朝天椒去籽，柠檬叶洗净，新鲜的柠檬榨汁备用。

2. 将鱿鱼切圈，虾仁去掉虾线，扇贝及青口洗净，草菇开半备用。

3. 把虾壳烤香倒入锅中加水煮约 20 分钟，制成虾水备用。

4. 过滤除去虾壳。

5. 将香茅、南姜、朝天椒、柠檬叶、香菜根放入虾水中，加入鱼露、香椒膏、香椒油，再次煮开。

6. 加入鱿鱼、虾仁、青口、碎鱼肉和草菇，煮开至熟透，最后淋入柠檬汁和适量三花淡奶调味即可。

三、产品照片

质量标准：
1. 色泽：汤体红色。
2. 形状：粒状。
3. 口味：味鲜美、香料味浓、酸辣。
4. 口感：海鲜富有弹性。

知识拓展：

泰国菜以酸、辣、甜为主，与马来西亚菜讲求的香辣不同，泰国菜注重辛辣的表现。泰国的汤与其菜肴一样，多以海鲜为原料，各种海鲜汤是泰国具有特色的品种，被称为泰国"国汤"的冬阴功海鲜汤（Tom Yum）就是其中的代表。冬阴功汤是以泰文音译而成，意指酸辣虾汤，这道菜使用卡菲尔柠檬、柠檬叶、朝天椒、鱼露等泰国的特色原料，并与海鲜的鲜美巧妙而有机地融合在一起，酸辣清新，回味无穷。

但需要注意的是，在泰国，冬阴功汤因东西南北食材不同，加入的原料有所偏差，其风味也各具特色。北部地区喜爱清淡口味，南部地区口味则比较重。北部地区冬阴功汤不含三花淡奶和香椒膏，所以味道比较清淡而不浓烈；东部地区的冬阴功汤也不用香椒膏、三花淡奶和青柠檬汁，这可能与东部没有青柠檬产出有关，故以番茄及酸子取代青柠檬汁的酸味；南部地区烹调此汤亦不用三花淡奶，但会加入姜黄作调料，所以汤色带微黄。

冬阴功汤是一道非常有名的泰国菜。汤头浓郁，酸辣味强劲，是一道非常适合东南亚湿热气候的汤菜。冬阴功海鲜汤用中文翻译过来其实就是"酸辣虾汤"的意思，顾名思义，冬阴功汤中，最不可或缺的就是虾了，正宗泰国冬阴功汤的虾用的都是来自湄公河的大头虾。新鲜的香料也必不可少，如柠檬叶、香茅、香菜、鱼露以及朝天椒等。冬阴功汤虽然原料烦琐，但是每一种原料都直接影响着最终成菜的风味，一丝一毫都不能大意。

美食巡天下　越南（一）

　　越南（Vietnam），全称越南社会主义共和国，位于东南亚中南半岛东部，北与中国广西、云南接壤，西与老挝、柬埔寨交界，国土狭长，紧邻南海，是以京族为主体的多民族国家。越南是所有东南亚国家中，受中国影响最深的国家，所以很多节日习俗都与中国相似。

　　19世纪中叶以后到二十世纪四五十年代期间越南沦为法国的殖民地，法国菜对越南菜造成的影响不亚于中国菜在当地的影响，尤其是一些登大雅之堂的菜式，法式风格甚浓，连进餐方式也是法式的。因此有美食家说"能够完美地把中国菜和法国菜这两种伟大的烹饪艺术完美结合在一起的只有越南菜"。越南菜融合了两大美食大国的饮食文化和烹饪技术，一方面是刀工精致，凸显了中国烹饪注重刀工的特点；另一方面，越南菜在清炖汤的风格上又显现出法国的烹饪艺术，很多菜肴名称也沿用法语。难能可贵的是，即使是受到烹饪大国的影响，越南菜也没有放弃自己的传统风味，自成一格，形成了越南菜鲜明的特色。

　　在越南人心中，吃饭问题对家庭生活具有极其重要的意义。越南人有一句著名的谚语——"老天不敢在吃饭时打雷"，他们认为老天也不能侵犯人民的饮食权。所以，越南人不管是什么事，特别是喜事，一定将"吃"放在第一位，如"吃婚礼""吃新房子""吃生日""吃大寿""吃庙会"等。参加宴席是越南人的一大爱好。在以前，越南人还喜欢用饮食、耕种等事情作为单位来计算时间，例如"嚼了槟榔渣"就是表示很快的意思，"熟了饭"就是晚些的意思，如果说"几次庄稼收获"则表示要延续几年的时间。

　　越南菜色泽明快，口味偏清淡鲜美、酸辣微甜，海鲜运用比较多。在调味上，越南菜大量使用鱼露，因此越南菜还具有海鲜味浓郁的特点。另外，越南菜中蔬菜和草药的比例较高，以保存原料的原汁原味为原则，蔬菜偏好生鲜，因而颇受健康饮食派的推崇。

　　越南人主食以米饭为主，风味由南到北体现为偏鲜到偏甜转变。代表菜包括牛肉河粉、粉皮春卷、烤肉拌米粉、长面包三明治、鸭仔蛋、酸皮肉丝等。越南的饮品也极富特色，如冰冻润喉的椰青、色泽艳丽的三色冰和珍多冰等。

　　越南菜是中南半岛国家中最具特色与美味的菜系，它比其他东南亚菜系更多了一份清爽和精致。由于承袭了中国阴阳调和的饮食文化，越南菜同样讲究阴阳调和，其菜肴精致、酸甜可口，外加一点点的辣，在烹调时注重清爽原味，以蒸、煮、烧烤、凉拌为主。油炸或烧烤的菜，会配上新鲜生菜、薄荷叶、罗勒、小黄瓜等可以生吃的菜一同食用，以达到解腻下火的作用。所以人们对越南菜的直接感觉是清爽不油腻，不但色香味兼备，手艺更是细致精巧，在卖相上吸取了法式大餐精工细作的风格，颇具艺术色彩。

　　越南人常常以鱼虾为主菜式，青菜、水果种类繁多。同时他们也善于运用南洋地区特有的香料，如柠檬草、罗勒、薄荷叶、芹菜及新鲜的青柠檬等，另外还有著名的调味料鱼露。

越南菜比不上中国湘菜辣得那么狠，越南菜的辣味常常给人一种若有似无的感觉。酸辣汤是其中的代表之作，越南的酸辣汤不像一般的酸辣汤是用酸醋做的，而是用一种当地出产的酸子。酸子是一种长得形如刀豆的豆科植物的核，带有酸味。酸汤中除酸子外，还放入斑鱼、豆芽、番茄和香菜等，煮出来的汤味道辣中有酸、酸中有鲜。

椰汁鸡汤

一、配方

原料	重量	原料	重量
光鸡	500g	草菇	100g
南姜	100g	香菜	30g
香茅	50g	椰浆	200g
柠檬叶	2 片	鱼露	50g
糖	50g		

二、制作方法

1. 将光鸡切块，南姜切片，香茅拍后切段，草菇切半，柠檬叶切细丝，香菜留根备用。

2. 开火后锅中加水，放入切好的南姜、香茅、香菜根煮开。

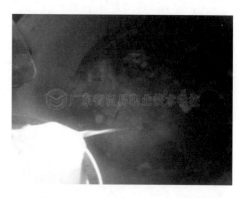

3. 放入鸡块及柠檬叶，煮开后关小火，及时撇去浮沫，最后放入草菇。

4. 鸡汤再次煮滚后，将椰浆倒入锅中。

5. 加入调味料调味，装盘即可。

小贴士：

　　煮汤底时放入香菜根味道更佳，因为相对于茎叶来说，根的香味更为浓郁。

三、产品照片

质量标准：

1. 色泽：偏白色。
2. 形状：汤汁状，块状。
3. 口味：味鲜、椰汁味浓。
4. 口感：香浓顺滑。

想一想：

在煮汤时为什么要及时撇去表层的浮沫？

知识拓展：

　　泰国南部地区盛产椰子，因此泰国人非常喜欢把椰子及其制品运用到菜肴制作中，形成自己的特色，如椰奶冰淇淋、椰子冻、椰汁鸡汤、烤椰塔等。而椰汁鸡汤是泰国首都曼谷的著名小吃，已有数百年历史，其特色是利用椰浆代替水煮汤。椰浆一般用于烹调咖喱菜式，为之调味或调色，极少用于汤菜，因为椰浆带甜味，较腻，故一般厨师不会考虑将其用于烹饪汤菜。此外，对于泰国人来说汤菜既是汤又是菜肴，加上泰国人大多不喜欢吃没有嚼口的食物，所以"快煮"是泰国人制作汤菜的特点之一，他们认为食材煮制时间不宜过久，否则会把汤弄浑浊，味道变坏而且带苦涩，也会导致食材褪色，影响食欲和观感。

美食巡天下　越南（二）

越南鱼露

越南菜最重要的秘诀是桌上那一碟鱼露配料，鱼露用纯天然的方式并用长时间来腌制，集中鱼的精华，有很高的营养价值。鱼露虽然其貌不扬，闻起来味道也比较奇怪，不过食物蘸上鱼露后送入口时，却有种说不出的鲜美。所有浓、腻、化不开的菜，若放少许鱼露便有清新的风味，堪称越南人眼中的"调味之皇"。除了甜品之外，几乎每个菜都会用到鱼露。

传说中最早的鱼露就是悬挂起来的腌鱼所滴下的汁液。现在鱼露的制作，基本上是采用纯天然的方式经过长时间腌制而成的，过程复杂烦琐。在产鱼旺季，越南人将鱼除去鱼鳞、内脏，洗干净后装入专门用来制作鱼露的大木桶内，放入适量的盐，在木桶的下部放置一根小导管导入另外一个空桶内。三五天以后，将原空桶中的鱼汁倒入鱼桶中，如此反复多次，最后流出的鱼汁便是鱼露的原汁。再将鱼露原汁运回家，装入大桶或者大瓮中，放在炙热的日光下曝晒20天左右，就成为鲜美的鱼露。鱼露的整个制作过程长达五六个月，在制作过程中，如果调配时，辣椒、糖、柠檬、蒜、水的比例不当，很可能会导致鱼露风味尽失。

质量上好的鱼露色泽橙黄，微酸带甜，味道非常鲜美。有的人还会加入辣椒汁或者菠萝汁来稀释。食用鱼露的时候还有一个小窍门，那就是如果忍受不了鱼露的味道但是又想品尝的人，可以用蒜头、辣椒起锅爆香后，趁热倒入鱼露，熄火冷却后的鱼露便腥臭全消。

酿鱿鱼筒汤

一、配方

原料	重量（g）	原料	重量（g）
鱿鱼	1 条	大蒜	10
猪肉	100	鱼露	5
香菇	30	生抽	10
香菜根	10	美极	5
小葱	20	胡椒粉	5

二、制作方法

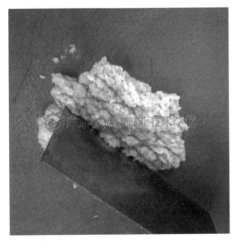

1. 将鱿鱼去除内脏，撕去外衣，洗净沥干水分；猪肉剁成肉馅备用。

2. 将香菇切粒，大蒜、小葱及香菜根切碎。

3. 将切好的原料混合均匀。

4. 加入适量鱼露、生抽、美极及胡椒粉腌制。

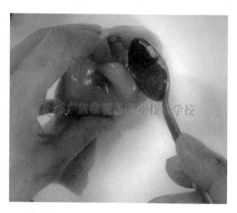

5. 将调好的馅料酿入鱿鱼筒内。

6. 用牙签将鱿鱼筒固定好。

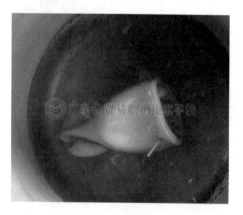

7. 将鱿鱼筒放入蒸柜中，用小火蒸制约5分钟，使其保持原状。

8. 另起锅倒入适量水，将鱿鱼筒放入水中，水开后关小火慢煮约15分钟，倒入调味料，取出切块即可。

小贴士：

　　煮制前应先将鱿鱼筒蒸至定形，防止馅料外漏、走形的情况发生。

三、产品照片

质量标准：
1. 色泽：茶色。
2. 形状：汤汁状，圆筒状。
3. 口味：味咸鲜。
4. 口感：鲜嫩。

知识拓展：

　　芭提雅（Pattaya）是著名的新兴度假胜地之一。以阳光、沙滩和海鲜闻名天下，气候宜人，风光旖旎，是泰国旅游产业的重要支柱。芭提雅从1961年时一个落后的小渔村发展成如今扬名天下的"海滩度假天堂"，可以说是"一夜成名"。

　　酿鱿鱼筒汤为泰国中南部接近芭提雅的地方菜式。芭提雅属于沿海地区，当地盛产小型鱿鱼，由于泰国人做菜喜欢就地取材，所以酿鱿鱼筒汤成为地方名菜。鱿鱼经过熬煮后，鲜味大减，肉质带有韧性，口感欠佳。为了增加滋味，保持口感，厨师花费心思酿入碎肉馅，改善了煲汤后鱿鱼筒肉质变韧的弊病，让汤的味道既浓郁又鲜甜，鱿鱼质感仍能保持鲜嫩。

美食巡天下 越南（三）

南北有别的越南菜

　　根据不同的气候、地形和自然资源，可以把越南分为三个区域，即北部、中部和南部。这三个区域的饮食习惯和烹饪特色各有不同，尤其是南部菜和北部菜，由于历史原因形成的政治和文化的差异，使得南北饮食的口味泾渭分明。

　　1. **北部菜**

　　北部地区以河内为中心，口味讲究清淡，注重营养，烹调菜肴时喜欢加入香料，最著名的风味小吃是河粉。

　　2. **南部菜**

　　以胡志明市为中心的南部地区，口味较为浓厚、偏甜，喜加椰汁。菜品丰富，以海鲜为主，地方名菜有红烧鱼宝、鱼酸汤、虾酸汤、大头虾、春卷、冷卷等。代表性的小吃有粿条。

　　3. **中部菜**

　　中部地区喜欢辣和咸的口味。特色小吃有猪手汤粉。

肉骨茶

一、配方

原料	重量	原料	重量
猪排骨	3 000g	生姜	50g
蒜头	30g	当归	80g
冰糖	50g	罗望子	50g
桂皮	10g	甘草	0.5g
沙参	30g	罗汉果	1/10 个
北芪	20g	老抽	30g
盐	10g	胡椒粉	10g

二、制作方法

1. 将猪排骨切成 8 厘米左右长段，洗干净后焯水。

2. 将其他原料冲洗干净后备用。

3. 蒜头横切开二，扒上色，后放入煲内一起烹制，煮开后改慢火煮 1 小时左右至猪排骨变软。

4. 加盐、胡椒粉调味，最后加入适量老抽调色即可。

三、产品照片

质量标准：
1. 色泽：褐色。
2. 形状：汤汁状，块状。
3. 口味：药材及肉香味浓。
4. 口感：猪排骨软烂。

知识拓展：

肉骨茶发源于 20 世纪初，由马来西亚福建籍华侨首创，后盛行于东南亚一带。相传是由于华人初到南洋创业打拼时，由于生活条件不好，很多人不适应南洋湿热的气候，患上了风湿病。为了治病驱寒，先贤用了各种中药材，包括当归、枸杞、党参、熟地等来煮药，但由于忌讳而把药称为"茶"。有一次，有一个人偶然把猪排骨放入其中，没想到这"茶汤"喝起来竟然十分香浓美味，极具风味。后来人们特地调整了煮茶的配料，经过不断地改进，就成为马来西亚的经典美食之一。

所以肉骨茶其实是一道猪肉药材汤。它是以猪肉和猪排骨，混合中药及香料，如当归、枸杞、玉竹、党参、桂皮、熟地、西洋参、甘草、川芎、八角、茴香、桂香、丁香、大蒜及胡椒，熬煮多个小时而成的浓汤。"肉骨"是采用猪的肋排（俗称排骨），而"茶"则是指药材汤。

美食巡天下　越南（四）

越南河粉

越南大米产量丰富，出口量居世界第三，其中以占城稻最为著名。制作越南著名小吃越南河粉的主要原料用的就是越南大米。在越南，米食及其衍生的制品在越南人的饮食中占有很大的比例，是当之无愧的主食。越南人一般在家吃米饭，在外吃米粉；午餐晚餐吃米饭，早餐夜宵吃米粉。

河粉（pho）在越南语中读做"佛"，它是越南街头最平民化的食物。越南米粉用米浆制作而成，分为干、湿两大类，两者都可以做成米纸、粉皮和粉条。米纸多用作包春卷的皮，粉皮是粉卷的原料，而粉条就包括了河粉和金边粉（细河粉）。越南的米纸非常独特，制作也很特别，大米磨成浆后，均匀地铺在圆盘里蒸，蒸熟以后揭下来的米纸是灰白色的，蒸熟后的米纸有整张卖的，也有切成条论斤卖的。

越南河粉的烹制，无论是汤煮还是凉拌，都大有讲究。要吃上一碗汤头清澈、食材新鲜、质量上好的越南河粉是一件难得的事。越南河粉的汤底需要用大量的肉和骨头熬制而成，耗时费力。

20世纪80年代以前，米粉在越南还是奢侈品，买卖米粉甚至是犯法之事。因为在当时，越南的粮食奇缺，粮食和副食都是配给供应，政府认为吃米粉属于浪费，规定不允许买卖。许多越南人偷偷地卖米粉，但也免不了常常被处罚。后来经过改革，情况好转，米粉犹如雨后春笋般出现在越南的大街小巷，并且走向世界，成为越南的招牌美食。

模块二自我测验题

选择题

1. "青柠檬"与"黄柠檬"的英文名称分别为（　　　）。
   A. Liem，Lenom　　　　　　　　　B. Lime，Lemon
   C. Liem，Lemon　　　　　　　　　D. Lime，Lenom

2. 在制作肉骨茶时，下列哪种原料用量最少？（　　　）。
   A. 甘草　　　　B. 生姜　　　　C. 沙参　　　　D. 北芪

3. 制作酿鱿鱼筒汤时，下列制作步骤错误的是（　　　）。
   A. 将猪肉切丝备用
   B. 将馅料加入适量鱼露、生抽及胡椒粉腌制
   C. 将酿好的鱿鱼筒首先放入蒸柜中用小火蒸制约5分钟
   D. 煮好后进行调味，面上撒香菜，装盘即可

4. 关于泰国的说法错误的是（　　　）。
   A. 泰国位于亚洲中南半岛中部，东临老挝和柬埔寨，南面是泰国湾和马来西亚，西接缅甸和安达曼海
   B. 泰国由于处于热带赤道线附近，气温适宜作物生长，所以那里梯田交错、阡陌纵横、绿树成荫，是一个美丽富饶的农业国家
   C. 泰国是世界上的佛教强国之一，大多数泰国人信奉作为国教的上座部佛教（部派佛教的一个分支），佛教徒占全国人口95%以上
   D. 泰国美食众多，由于气候炎热，食物以酸辣口味为主，像冬阴功汤、肉骨茶、青木瓜沙拉等都是泰国的特色美食

5. "金不换"又称（　　　）。
   A. 九层塔　　　　B. 意大利罗勒　　　　C. 香茅　　　　D. 香菜

6. 关于越南菜说法正确的是（　　　）。
   A. 越南饮食受到中国菜和法国菜的影响，且有南洋特色
   B. 越南饮食受到中国菜和印度菜的影响，且有南洋特色
   C. 越南饮食受到印度菜和法国菜的影响，且有南洋特色
   D. 越南饮食受到中国菜和泰国菜的影响，且有南洋特色

模块 三

小食类菜肴

师傅教路：东南亚地区有许多富有当地特色的小吃，例如炸春卷、炸鱼饼、咖喱角、炸香蕉等。由于盛产热带水果，例如椰子、木瓜、芒果、香蕉等，以及其他各类热带经济作物，当地人也常常将其应用到菜肴制作当中，其中最具典型的代表就是椰子，在东南亚的许多菜肴中都可以见到新鲜椰汁或椰奶的身影。

酸辣凤爪

一、配方

原料	重量（g）	原料	重量（g）
凤爪	200	红尖椒	20
泰国沙律汁	300	青柠檬汁	20
香菜根	30	盐	5

二、制作方法

1. 将凤爪冲洗干净，斩去指甲后备用。

2. 将凤爪放入加盐的沸水中煮至熟透后，迅速取出，冲冷水备用。

3. 将焯水完毕的凤爪倒入泰国沙律汁中，并加入香菜根、红尖椒及青柠檬汁调味。

4. 搅拌均匀后，放入雪柜腌制约2个小时，摆盘即可。

小贴士：

为使凤爪富有弹性，因此不可煮制过久。

三、产品照片

质量标准：
1. 色泽：偏白色。
2. 形状：块状。
3. 口味：酸、辣、鲜。
4. 口感：凤爪富有弹性。

美食巡天下　新加坡（一）

　　新加坡（Singapore），全称新加坡共和国，位于马来半岛南端，旧称新嘉坡、星洲或星岛，别称狮城。新加坡北隔柔佛海峡与马来西亚为邻，南隔新加坡海峡与印度尼西亚相望，毗邻马六甲海峡。新加坡环境优美，素有"花园城市"的美称。

　　作为一个现代大都市的典范，新加坡不仅是旅游胜地，而且是美食天堂。在新加坡，遍布着各式各样的酒楼、餐厅和美食街，可以随时随地领略到风格迥异的世界各地美食，当然最受欢迎的还是当地原汁原味的新加坡特色名菜和风味小吃。

　　作为一个城市国家，新加坡虽然没有完整独立的菜系，但作为一个多民族国家，同样拥有许多具有地方独特风味的食物。这些大都是早期过来的中国移民，沿用了广东、福建的饮食习惯和口味，并融入当地的烹饪中，逐渐形成了新加坡自己的饮食风格，其中"海南鸡饭"就是典型的代表性菜肴，号称新加坡"国菜"。

　　当然，由于历史原因，新加坡在饮食方式和习惯方面还融合了马来族和印度的料理特色，因此也被称为"吃货的天堂、美食家的乐园"。

酸辣粉丝沙律

一、配方

原料	重量（g）	原料	重量（g）
粉丝	100	泰国沙律汁	100
罗勒	10	香菜	10
红尖椒	10	虾仁	20
青柠檬汁	10		

二、制作方法

1. 将粉丝放入冷水中泡至变软。

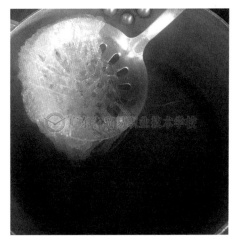

2. 煮开水后放入粉丝，煮至断生后冲冷水备用。

3. 将虾仁清洗后去虾线，焯水备用。

4. 将原料倒入碗中，淋入泰国沙律汁，拌匀后摆盘即可。

三、产品照片

质量标准：

1. 色泽：白色。
2. 形状：丝状。
3. 口味：酸、辣、鲜。
4. 口感：筋道。

美食巡天下　新加坡（二）

新加坡美食特色

由于历史的发展和文化的多样性，新加坡形成了中西兼备、内外融合、食风颇杂的饮食习惯，并且形成了鲜明的地方特色。

1. 风格多元

在新加坡，世界美食在此交汇融合，充分体现了新加坡美食体系的多元化特色，而且新加坡本地的特色风味菜肴和小吃，同样反映出了强烈的多元化风格。新加坡菜受到中国、马来西亚、印度等国家饮食的影响深刻，创造出许多典型的代表性菜肴，比如海南鸡饭、肉骨茶等。

2. 香辣风味

新加坡是一个典型的热带雨林气候国家，受气候和地理环境的影响，菜肴以重口味著称，香料是所有菜肴中不可缺少的角色，新加坡的华人、印度人、马来人普遍喜欢烈性的味道，尤其是咖喱。

3. 海鲜丰富

新加坡盛产各种新鲜美味的海鲜。新加坡街头海鲜酒楼众多，皆以海鲜作为主推招揽顾客。

4. 特色小吃众多

对于新加坡来说，品种最多、最具有代表性、最大众化的食物，非小吃莫属。新加坡小吃可分为两大类，一类是新加坡的早期中国移民融合广东、福建和新加坡当地的饮食习惯制作出的特色食物，如炒萝卜糕、酿豆腐、虾面、肉骨茶、炸香蕉、春卷等；另一类是长期居住在新加坡、马来西亚的华侨融合中国菜和马来西亚菜所发展出来的娘惹美食。

青木瓜沙律

一、配方

原料	重量（g）	原料	重量（g）
青木瓜	200	花生	50
长豆角	50	朝天椒	20
泰国沙律汁	200	青柠檬汁	20
虾干	30	鱼露	10
香茅	10	姜	5
红葱头	10	大蒜	10

二、制作方法

1. 长豆角切段焯水，花生烤香去皮，虾干切碎，青木瓜洗净去皮刨丝。

2. 香茅、朝天椒、红葱头、姜、大蒜切碎备用。

3. 将切碎的原料混合，加入鱼露、泰国沙律汁及青柠檬汁，拌匀即可。

三、产品照片

质量标准：

1. 色泽：白绿相间。
2. 形状：丝状。
3. 口味：酸、辣、鲜。
4. 口感：爽脆。

想一想：
　　如何挑选优质的青木瓜？

知识拓展：

　　青木瓜沙律（Som Tam）是泰国最具特色的小吃，因为它从原材料到做法都极具泰国风情，在泰国各地均十分流行，但各地做法略有不同。东部有许多低洼地，当雨季来临时，会注满雨水，所以渔获颇丰，有剩余时，人们会以盐腌渍鱼，然后放入大瓮内，于是在做木瓜沙律时会以咸鱼代替其他调味。北部和南部因有湄公河贯穿，稻田颇多，小蟹也特别多，所以当地也如同东部一样利用腌渍法腌蟹，这两地的青木瓜沙律则会以腌蟹来代替咸鱼，味道又另有不同。

　　青木瓜是亚热带的特产，和木瓜是近亲，不同的是，青木瓜的体积较大，类似西葫芦，削去青绿色的皮，里面是嫩白的果肉，吃起来清脆中略带一点韧劲，微甜中又有一丝清苦。而青木瓜沙律的做法则类似中国的捣药，一般的做法是，将青木瓜刨成丝，先抓一小把放在一个石制的类似捣药臼的容器里，然后随口味加入两三个泰国产的朝天椒、一两个小番茄、一两瓣蒜、一根豇豆角、一只生的青蟹、一两勺鱼露和店家自制的酱料，柠檬汁要现挤，再抓一把花生仁和海米点睛。制作者一边往臼里加料，一边不停地用捣菜的杵捶打这些材料，直到番茄稀烂，各种调料充分融合，才是一份地道的泰国青木瓜沙律。

炸虾片

一、配方

原料	重量
虾片	2 片
油	1 000g

二、制作方法

1. 当油温升至180℃时，放入虾片。

2. 待虾片膨化后及时翻面。

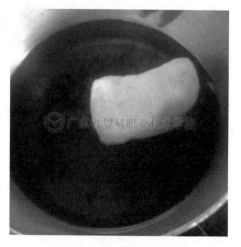

3. 直至将虾片炸至金黄色。

4. 将炸好的虾片捞出，沥干油，摆盘即可。

小贴士：

　　炸虾片时油温要把握好，炸制过程中注意及时翻面，保证蓬松度一致。

三、产品照片

质量标准：

1. 色泽：金黄色。

2. 形状：片状。

3. 口味：咸鲜、味美、浓郁虾香。

4. 口感：酥脆。

美食巡天下　马来西亚（一）

　　马来西亚（Malaysia），也常被称作大马，被南中国海分为两个部分，两片领土隔海相望，也正是因为其独特的地理位置，马来西亚的民族文化非常多元化，伊斯兰教、佛教、印度教等多种宗教并存，形成了马来西亚多姿多彩的文化特色。

　　伊斯兰教于13世纪前后由阿拉伯商人带入马来半岛并广为传播，15世纪被马六甲国王确立为国教。多数马来人信奉伊斯兰教，属逊尼派。佛教、印度教是马来西亚古代社会的主要宗教。华人信奉佛教，印度人信奉印度教，小部分华人、欧亚混血人和沙巴、沙捞越等地区的当地人信奉基督教。

　　多元的民族文化同样深深影响着马来西亚的饮食文化，使得马来西亚菜形成了风味独特而多元化的特点。马来西亚菜结合了印度菜的辛辣、葡萄牙菜的浓郁、中国菜的火候以及欧洲菜的精致，可以说，品尝马来西亚菜不仅是一种味觉上的享受，更是一场体验各国文化的盛宴。

　　马来西亚菜受中国菜的影响非常大，菜肴的烹制方法与中国十分接近。此外，马来西亚还保留了许多中国过节的习俗和食风。如中秋节扎灯笼，端午节吃粽子、赛龙舟，守岁放鞭炮，元宵节吃汤圆。

　　马来西亚盛产很多香料，如香茅、辣椒、柑叶、豆蔻、肉桂、丁香等，都被巧手妙思的马来西亚厨师运用得得心应手、淋漓尽致，为马来西亚菜增加了更多内涵。

越南春卷

一、配方

原料	重量	原料	重量
越南米皮	5 片	薄荷叶	10g
生菜	50g	鱼露	20g
粉丝	50g	红辣椒	20g
胡萝卜	50g	柠檬汁	10g
熟虾仁	50g	糖	10g
花生酱	30g	盐	10g
西芹	30g		

二、制作方法

1. 将生菜、胡萝卜、西芹切细丝，粉丝发好后焯水备用。

2. 依次将生菜、胡萝卜、西芹撒盐入味拌匀。

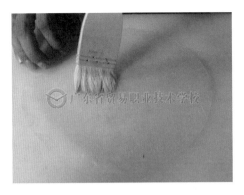

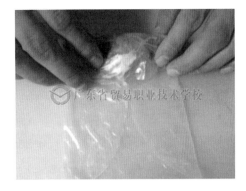

3. 越南米皮铺开，用毛刷刷上少量水至变软。

4. 将原料依次铺好后，面上放入熟虾仁，按如图所示手法卷制成形。

5. 将薄荷叶及红辣椒分别切碎倒入碗中。

6. 将剩余调料倒入碗中搅拌均匀做蘸碟备用。

7. 摆盘即可。

小贴士：

卷制越南春卷时手法要迅速，防止米皮粘连。

三、产品照片

质量标准：

1. 色泽：透明。
2. 形状：圆柱状。
3. 口味：咸鲜味美。
4. 口感：米皮有弹性，蔬菜爽脆。

美食巡天下　马来西亚（二）

槟城美食

槟城，亦称槟榔屿、槟州（包括威斯利省），不仅是马来西亚十三个联邦州之一，还是马来西亚第一个被定义为城市的地方。其中，槟榔屿呈龟形，全岛植被茂密，绿意盎然，而威斯利省则有广袤的平原。槟城历来被称为美食的故乡，在这里，潮汕小吃、印度小吃、泰国小吃、马来西亚小吃、福建和台湾小吃，可以说是应有尽有，色香味俱全。

1. 煎蕊

煎蕊又译煎律、晶露。原是印度尼西亚地区的传统甜点，后来流行于马来西亚。槟城的煎蕊与我们常见的刨冰相似，不过味道就大不一样，又咸又甜。具体的做法是先迅速地刨出一大碗冰霜，放上早已煮得烂熟的红豆、黑糖，再放入一种由香兰叶汁制成的绿色米粉，最后淋上一勺椰浆。不一会冰霜融化，红豆赤红，粉条绿透，隐现在奶白中流转着的焦糖色的椰浆中，色泽绮丽，令人食指大动。

2. 鸭粥粿汁

鸭粥，是典型的潮汕粥，汤米分明。在粥上淋上一勺醇厚的卤水老汁，浓稠的芳香会被白粥完全吸收，香味浓郁而不油腻。碗内有鸭肉、鸭内脏、猪肠、猪血、猪耳等，皆为卤味，吃起来柔软却不失弹性，口感极好。

粿汁，源自于潮汕地区，是一种著名的潮州风味小吃，由粿片、卤水和卤料三个部分组成。粿片，类似广府地区的河粉，将米浆蒸熟成片，在以前是被切成三角形，不过现在多以机器制作，通常切成四方形。所谓粿，指的就是粉片，而汁，指的则是卤水和卤料。在潮汕方言里，"汁"与"杂"同音，粿汁其实是"粿杂"。潮州人素有食用畜禽内脏的饮食习惯，并以"杂"统称之，例如猪杂、牛杂等。

3. 红豆冰

红豆冰是槟城最受欢迎的消暑解渴的美食之一，味道甜而不腻，层次丰富，冰沙入口即化，口感细腻。红豆冰的特色在于它的糖浆，一般会在红豆冰面上淋上两种糖浆，一种是用白糖煮成糖浆后，再加入玫瑰露煮至香浓；另一种是由赤糖煮成的黑糖浆。两种糖浆淋在冰上，素来简单的香甜味也有了丰富的层次。此外，有的商家会在红豆冰上撒上些许罗勒籽，因其具有一定的解热作用，让红豆冰加倍清凉。

4. 四果汤

四果汤与炒粿条、粿条汤和鸭粥粿汁并称为槟城汕头街美食的"四大天王"，可见四果汤的魅力。在槟城著名的美食街——汕头街，随处可见大大小小的糖水铺，而每间糖水铺里，必定有四果汤。

四果汤，以龙眼、白果、红豆、莲子为原料，加入糖水或者蜂蜜用大锅熬煮好，当客人需要时从锅里舀出，再淋上糖水即可，客人可根据个人喜好选择喝热的或者加冰。

四果汤的"四果"，看似随意，内里却大有乾坤：龙眼泻火解毒，入心脾经；白果敛肺气定咳喘，入肺肾经；莲子养心安神，健脾胃，入脾肾心经；红豆利水去湿，入心肠经。且四果汤汤头甜淡适中，清爽去腻，不仅受年轻人的喜爱，而且也是很多中老年人的养生药膳。

越南炸春卷

一、配方

原料	重量	原料	重量
春卷皮	10 片	圆白菜	100g
粉丝	50g	胡萝卜	30g
熟虾仁	50g	西芹	30g
香油	5g	鱼露	15g
盐	15g	胡椒粉	5g
红辣椒	20g	花生酱	10g
腐乳	10g	香菜	10g

二、制作方法

1. 将圆白菜、西芹、胡萝卜切细丝，香菜及红辣椒切碎备用。

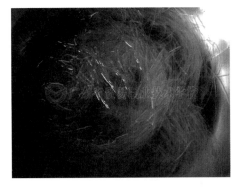

2. 粉丝用水发好，切小段。

3. 将鱼露、香油、盐、胡椒粉搅拌均匀淋入切好的蔬菜中。

4. 将馅料铺到春卷皮上，中间放入一个熟虾仁。

5. 按如图所示卷好，封口备用。

6. 将切好的香菜碎、红辣椒碎、花生酱、腐乳、鱼露混合。

7. 搅拌均匀，制成味碟。

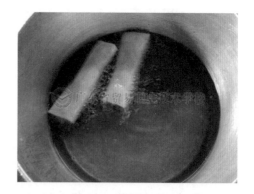

8. 开火后将色拉油烧热至180℃左右，放入春卷炸至酥脆，捞出沥干油即可。

三、产品照片

质量标准：
色泽：金黄色。
形状：圆柱状。
口味：咸鲜，味美。
口感：酥脆。

知识拓展：

　　炸春卷是广受越南人民喜爱的一道小吃，和中国春卷的做法有相似之处，味道上却有一定差别。越南的春卷皮用糯米做成，薄如蝉翼，洁白透明。将春卷皮裹在由豆芽、粉丝、鱿鱼丝、虾仁、葱段等做成的馅外面，放入油锅中炸至酥黄。食用时常会用生菜裹上春卷，蘸上鱼露、醋、辣椒等佐料，酥脆不腻，十分美味。

鸡肉沙爹串

一、配方

原料	重量	原料	重量
鸡肉	100g	沙爹酱	50g
黄咖喱酱	30g	竹签	2 条

二、制作方法

1. 先将鸡腿去骨取肉。

2. 鸡肉切块状备用。

3. 把切好的鸡肉块用竹签串起。

4. 稍稍入味备用。

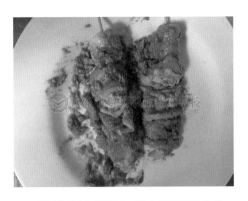

5. 将部分沙爹酱与黄咖喱酱混合均匀，调制成腌肉汁酱，然后将肉串放入汁酱中，腌制约 30 分钟。

6. 锅中倒入色拉油，烧热至 180℃，将肉串煎至熟透，取出即可。

三、产品照片

质量标准：

1. 色泽：焦黄色。
2. 形状：串状。
3. 口味：有花生香味，咖喱味浓。
4. 口感：鸡肉富有弹性。

美食巡天下　马来西亚（三）

马来西亚菜特色

马来西亚美食具有多种多样的风格和味道，从餐饮市场的整体划分，可以分为三大派别：马来西亚餐、华人餐和印度餐，它们之间既相互影响，又自成体系。马来西亚菜在长期的发展过程中，除了受到中国菜很大的影响，同时也融入了印度菜和泰国菜的色彩搭配，形成了自己的特色。比如与泰国关系亲近的吉兰丹，在烹饪时喜欢加入椰浆和白糖，因此味道偏甜；而吉打的口味则较辣，这是受到了印度菜的影响。

1. 口味香辣浓郁

马来西亚饮食文化是由多种族饮食文化交汇融合而成的，马来西亚人喜欢在菜肴里加入辣椒和咖喱，因而马来西亚菜以香辣闻名遐迩。再加上马来西亚气候炎热潮湿，为满足人体需要，便形成了香辣味浓的马来西亚菜。但是马来西亚的咖喱，因为爱用椰浆来减低辛辣度和提升香味，所以口味上比较清新温和，风味别具一格。

2. 菜肴不放猪肉

马来西亚的大部分国民都是穆斯林，所以马来西亚菜基本不用猪肉，以鸡肉、牛肉、羊肉、鱼肉为主。椰子则是烹调时候的主要配料，再拌以辣椒或咖喱等调味烹制。

3. 娘惹风味

娘惹菜在马来西亚饮食文化中占有重要的地位，它最大的特点是将香料磨成粉或酱状与食物同煮，以调味多样、口味多样、品种多样、风味独特而享誉东南亚。

4. 小吃丰富，海鲜、燕窝闻名

马来西亚的小吃是东南亚风味的形象代表，品种丰富多样，别具风味。有沙爹、糕点、罗惹、肉骨茶、叶子包鸡、椰浆牛肉咖喱等。马来西亚环海，海产丰富，有著名的南海大龙虾，巴生港的螃蟹、鲳鱼等，鱼翅的质量也是世界一流。另外，马来西亚还是著名的燕窝产地之一，尤其是沙捞越尼亚国家公园的采摘燕窝表演独具特色，另外珍品燕窝的风味堪称一绝。

鸡肉咖喱角

一、配方

原料	重量	原料	重量
大春卷皮	5 片	大蒜	10g
土豆	200g	黄咖喱汁	30g
鸡胸肉	100g	咖喱粉	20g
洋葱	50g	姜黄粉	10g
姜	20g	盐	5g

二、制作方法

1. 锅中煮水，放入土豆，煮熟透后压成土豆泥备用。

2. 将鸡胸肉切成丁，洋葱、姜、大蒜分别切碎。

3. 开火，锅中倒入适量色拉油，炒香洋葱碎、姜碎、蒜碎后，放入鸡肉丁。

4. 加入适量姜黄粉、咖喱粉、黄咖喱汁等调味，并与压好的土豆泥拌匀，最后加盐调味成馅料。

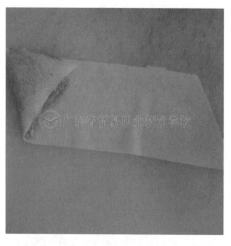

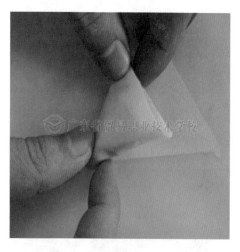

5. 将大春卷皮切长条形后，去边角，放入馅料。

6. 按图所示将咖喱角包好待用。

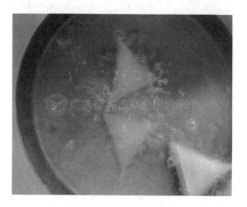

7. 包好后的形状如图所示。

8. 开火后，等油温升至180℃，放入咖喱角炸至金黄色，捞出即可。

小贴士：

1. 注意炸制的火候，防止过火。
2. 咖喱角要封好口，以免炸开边。

三、产品照片

质量标准：

1. 色泽：金黄色。
2. 形状：呈三角状。
3. 口味：味鲜美，咖喱味浓。
4. 口感：外皮酥脆，馅料细腻。

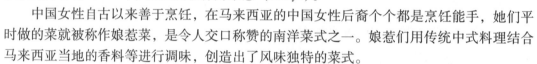

美食巡天下　马来西亚（四）

娘惹菜

　　娘惹菜发源于马来西亚的马六甲。"娘惹"是指华人和马来西亚当地人通婚的女性后代。早期马来西亚人与华人通婚的后代，男性被称为峇峇（Baba），女性则被称为娘惹（Nonya）。

　　中国女性自古以来善于烹饪，在马来西亚的中国女性后裔个个都是烹饪能手，她们平时做的菜就被称作娘惹菜，是令人交口称赞的南洋菜式之一。娘惹们用传统中式料理结合马来西亚当地的香料等进行调味，创造出了风味独特的菜式。

　　娘惹菜是国家之间大融合的见证，与其他菜系之间泾渭分明的关系不同，娘惹菜并没有明确的概念划分，很多菜式很难说清到底算不算娘惹菜。因为它们在华人、马来人、印度人的餐厅中都有出现，却有着鲜明的特色，就是中餐和本地料理的结合：它发扬了中餐的烹饪手法，并结合当地的食材。比如很多娘惹菜，运用煎、炒、烹、炸等中餐技法，同时使用很多本地特色香料，如马来虾酱、香兰叶、姜黄、青柠檬等，做出了极富特色的菜式。

　　比较典型的娘惹菜有黑果焖鸡、咖喱鱼头、酸角炖猪肉、娘惹杂菜、臭豆烧虾仁等，其中以叻沙菜式流传最广，深受欢迎。

椰汁西米露

一、配方

原料	重量	原料	重量
西米	100g	椰浆	150g
冰糖	100g	香兰叶	1 片

二、制作方法

1. 锅中煮水，水开后将西米倒入锅内转小火，轻轻搅动。

2. 西米开始变得透明后过滤，取出备用。

3. 另起锅，锅中倒入适量清水、香兰叶、冰糖，慢慢搅匀，加入煮好的西米至煮开。

4. 倒入椰浆，再次煮开后，关火，将煮好的西米露放凉，然后放入冰箱冷藏，装盘即可。

三、产品照片

质量标准：

1. 色泽：偏白色。
2. 形状：汤汁状，粒状。
3. 口味：甜味，椰汁味浓。
4. 口感：西米富有弹性。

椰汁西米糕

一、配方

原料	重量（g）	原料	重量（g）
西米	100	椰浆	100
糖	100	鱼胶片	20

二、制作方法

1. 锅中煮水，水开后将西米倒入锅内转小火，轻搅煮制。

2. 西米开始变透明后，过滤，取出备用。

3. 将沥干水的西米拌入适量的糖，铺入容器底部。

4. 鱼胶片放入温水中浸泡至变软，轻轻搅拌至融化并过滤。

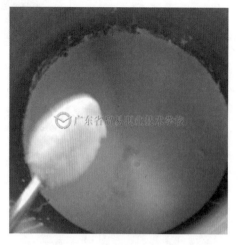

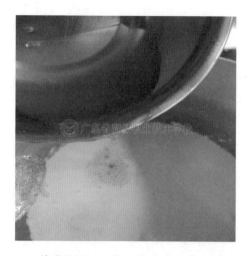

5. 开火后，在锅中倒入椰浆及剩余的糖，小火煮至糖融化。

6. 将化好的鱼胶水倒入煮好的椰浆中，搅拌均匀。

7. 将拌好的椰浆倒入装有西米的容器中。

8. 待西米被椰浆覆盖后，放入冰箱冷藏至变硬，取出切块即可。

小贴士：

  在东南亚地区，此菜式传统做法是用生粉勾芡至稠，现代人受西点甜品影响，将其改为用鱼胶片凝固。另外，淋入椰浆时动作要轻，保证椰浆与西米层次分明。

三、产品照片

质量标准：

1. 色泽：白色。
2. 形状：块状。
3. 口味：甜味，椰香味浓。
4. 口感：富有弹性。

模块三自我测验题

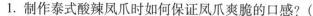

要加油哦！

选择题

1. 制作泰式酸辣凤爪时如何保证凤爪爽脆的口感？（　　）。
   A. 放入冷水中煮至软熟，捞出冲冷水
   B. 放入热水中煮至断生，捞出冲冷水
   C. 放入热水中煮至断生，捞出冲热水
   D. 放入冷水中煮至软熟，捞出冲热水

2. 制作青木瓜沙律时不需要的步骤为（　　）。
   A. 将青木瓜刨成丝
   B. 长豆角切段后焯水备用
   C. 花生烤香后去皮碾碎
   D. 加入泰国沙律汁后，淋芝麻油调味

3. 炸咖喱角时油温约为（　　）。
   A. 120℃　　　　　B. 100℃　　　　　C. 250℃　　　　　D. 180℃

4. 下列哪个国家以娘惹菜式为特色？（　　）。
   A. 印度尼西亚　　B. 菲律宾　　　　C. 文莱　　　　　D. 马来西亚

5. 下列对于鸡肉咖喱角的描述错误的是（　　）。
   A. 咖喱味浓　　　B. 鲜香　　　　　C. 馅料细腻　　　D. 有虾酱味

6. 以下关于椰汁西米露的制作工艺描述不正确的是（　　）。
   A. 锅中煮水，水开后，将西米倒入锅内，关小火，轻轻搅拌，直至西米变透明后，过滤冲冷水备用
   B. 另起锅，锅中倒入适量清水，加入冰糖、香兰叶慢慢搅匀，直至融化并煮开
   C. 加入煮好的西米，并倒入椰浆，再次煮开后，取出香兰叶，关火即成西米露
   D. 将煮好的西米露迅速放入冰箱冷藏即可

7. （　　）非东南亚的特色美食。
   A. 摩摩喳喳　　　B. 双皮奶　　　　C. 椰汁西米糕　　D. 黑糯米糖水

8. 被誉为"东方小巴黎"的国家是（　　）。
   A. 泰国　　　　　B. 新加坡　　　　C. 马来西亚　　　D. 越南

9. 关于"咖喱"说法错误的是（　　）。
   A. "咖喱"一词是来源于泰语，其意是"香料"的意思
   B. 东南亚咖喱是由包括香茅、虾酱、月桂叶以及十几种当地种植的香料（如丁香、小茴香籽、姜黄粉和辣椒等）调配而成，口味由温和到极辣
   C. 咖喱的种类很多，以国家来分，就有印度咖喱、泰国咖喱、新加坡咖喱、马来西亚咖喱等

D. 咖喱以颜色来分有红、绿、黄、白之别，根据配料不同来区分种类的咖喱更是种类繁多

10. 制作越南炸春卷时，下列步骤不正确的是(　　　)。

A. 首先将圆白菜、西芹、胡萝卜切粗段

B. 将鱼露、香油、胡椒粉搅拌均匀后淋入蔬菜中

C. 用春卷皮包好馅料，中间放入一个熟虾仁，封好口备用

D. 开火后，将色拉油烧热至180℃左右，放入春卷，炸至酥脆后取出，放到吸油纸上备用

模块 四

主菜类菜肴

师傅教路： 东南亚菜肴具有强烈的南洋风格，调味和取材大胆创新，口味偏重，菜式多为复合调味，容易刺激味蕾，令人胃口大开。当地制作菜肴的调料品种众多，特别是鱼露和虾酱，在菜肴制作时都是不可或缺的主角。

东南亚菜肴色泽艳丽抢眼，烹饪风格简单，烹饪手法以凉拌、煎、煮、烤、蒸、炸、炒为主。

另外，东南亚数千年来受多种族文化融合的影响，特别是中国和印度的移民，将本国的烹饪手法和烹调理念带到当地，与当地食材相结合，便形成了现在东南亚极富特色的菜式。

黄咖喱鸡

一、配方

原料	重量（g）	原料	重量（g）
鸡肉	200	椰浆	50
洋葱	30	姜	50
土豆	100	大蒜	30
胡萝卜	50	咖喱粉	20
辣椒	50	黄咖喱酱	200

二、制作方法

1. 将鸡肉、洋葱、土豆、胡萝卜及辣椒切块，姜、大蒜切碎。

2. 将切好的鸡肉用咖喱粉腌制。

3. 开火后，将腌好的鸡肉煎制上色。

4. 另起锅，将姜、大蒜、洋葱炒香，倒入黄咖喱酱。

5. 加入鸡肉继续煮制。

6. 放入土豆、胡萝卜并倒入适量鸡汤搅匀。

7. 炖煮至原料熟软，加入椰浆调味。

8. 离火后加入切好的辣椒块即可。

小贴士：

鸡肉应注意煎上色，否则香气不够。

三、产品照片

质量标准：

1. 色泽：黄色。

2. 形状：块状。

3. 口味：咖喱味浓。

4. 口感：汁较稠，细腻。

美食巡天下　泰国（一）

　　泰国（Thailand），全称泰王国，原名暹罗，是一个君主立宪制国家，宪法承认国王为国家元首、三军统帅、佛教以及所有宗教的守护人，且是神圣不可侵犯的个人。泰国也是东南亚著名的旅游国家，东临老挝和柬埔寨，南面是暹罗湾和马来西亚，西接缅甸和安达曼海。泰国的国土面积在东南亚国家中仅次于印度尼西亚和缅甸。作为一个多民族国家，泰国有 30 多个民族，其中泰族人约占总人口的 40%。

　　泰国地形南低北高，以平原和低地为主。属于典型的热带气候，阳光、雨水充足，旱雨两季分明。尤其是沿着湄公河畔的城市，一年四季都有富饶的作物，各种农作物、水果等种类繁多。加上泰国拥有漫长的海岸线，海产丰富，给泰国人带来了大量天然食材。

　　泰国菜以色、香、味闻名，兼有中国、印度、缅甸、葡萄牙等多国风味又自成一格，色、香、味、形、器都有讲究。受印度饮食文化的影响，泰国菜也喜欢使用各种香料和酱料，而且有相当一部分香料是东南亚所特有的。泰国人的正餐大多以米饭为主食，佐以一道或者两道咖喱料理、一条鱼、一份汤以及一份沙拉。餐后点心通常是时令水果或者用面粉、鸡蛋、椰奶、棕榈糖做成的各色甜点。

　　泰国菜善于使用柑橘类原料的酸味，例如泰国柠檬、香茅、柠檬叶等。此外，泰国人喜欢使用各种新鲜红辣椒、青辣椒、袖珍辣椒和辣椒干、辣椒粉、辣椒酱以及咖喱、罗勒、南姜等进行调味。

红咖喱虾

一、配方

原料	重量	原料	重量
大虾	300g	椰浆	50g
香茅	50g	红咖喱酱	80g
红尖椒	50g	鱼露	10g
大蒜	20g	柠檬	1个

二、制作方法

1. 将虾洗干净，香茅及红尖椒切斜片，大蒜切碎备用。

2. 开火后放入切好的蒜碎、香茅片、辣椒片炒至出香味。

3. 然后倒入红咖喱酱炒匀。

4. 加入适量鸡汤稀释。

5. 倒入洗净的大虾，搅拌均匀至大虾成熟。

6. 淋入椰浆，最后用鱼露及柠檬汁调味即可。

小贴士：
　　注意炒制红咖喱酱时的火候，防止煳掉。

三、产品照片

质量标准：

1. 色泽：偏红色。

2. 形状：块状。

3. 口味：味鲜，咖喱及椰浆味浓。

4. 口感：富有弹性。

美食巡天下　泰国（二）

泰国咖喱

　　在东南亚地区，泰国咖喱尤为出名，已经成为泰国风味的代表，在泰国菜中被大量使用。泰国人一般以各色香料作为基础调料，再加入包括香茅、南姜、鱼酱、月桂叶以及十几种当地种植的香料（如丁香、小茴香籽、姜黄粉、辣椒和柠檬等）调配而成，口味由温和到极辣不等。泰式咖喱依据主要材料的变化分为不同的咖喱种类，品种繁多，堪称一绝。从颜色上，泰国咖喱大致可以分为红咖喱、黄咖喱和青咖喱。

　　红咖喱是泰国人较为喜爱的咖喱，主要由红干辣椒和其他香料配合，因而呈现偏红的颜色；青咖喱又叫绿咖喱，是以新鲜青辣椒代替干辣椒，添加了青柠檬皮、柠檬叶和香菜，所以看起来带有青绿色，青咖喱有奶香味；黄咖喱加入较多姜黄粉，所以呈现土黄的颜色。在口味上，三种咖喱各有特色，红咖喱最辛辣，也最为大多数泰国人所钟爱，青咖喱最温和，黄咖喱则最香浓。红咖喱味浓，适合烹调牛肉等红肉；青咖喱较为芳香，一般用于烹调鸡肉和贝类等小型海鲜；黄咖喱最香浓，常用来做炒蟹等菜式。

青咖喱鸡

一、配方

原料	重量	原料	重量
鸡腿	300g	青咖喱酱	100g
茄子	100g	红尖椒	50g
罗勒	20g	柠檬叶	2 片
胡椒粉	10g	鱼露	10g
椰糖	10g	椰浆	100g

二、制作方法

1. 原料洗净后，将鸡腿和红尖椒切成块，茄子切滚刀块备用。

2. 开火后，锅中倒入适量色拉油，加入青咖喱酱，搅拌均匀。

3. 加入切好的鸡肉，炒至上色。

4. 加入部分椰浆，调匀。

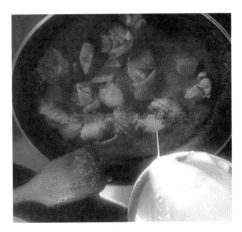

5. 放入切好的茄子及红尖椒，加椰糖、鱼露、胡椒粉调味，并放入柠檬叶、罗勒。

6. 加入剩余椰浆，拌匀后离火装盘即可。

三、产品照片

质量标准：
1. 色泽：偏青色。
2. 形状：块状。
3. 口味：咸鲜，青咖喱味浓。
4. 口感：细腻。

美食巡天下 泰国（三）

泰国菜的基本特色

1. 海鲜为主，菜肴繁杂

泰国临海，海鲜极其丰富。因此，在热菜中无论是蒸、炒、煎、炸、烤，海鲜菜肴都占有极高的比例。鱼、虾、蟹、贝等海鲜都是泰国菜的"撒手锏"。如炭烧虾、炭烧蟹、咖喱蟹、酥炸软壳蟹、酸辣虾汤等，让人眼花缭乱。特别是虾，在泰国，养虾业和虾加工业非常发达，对于泰国人来说，可以食无鱼，不可食无虾。虾是泰国人餐桌上的主角。

泰国菜制作海鲜的调料品种众多，但鱼露和虾酱是不可或缺的，而用咖喱等酱料烩制的海鲜菜肴，更是泰国人烹调海鲜的"拿手好戏"。咖喱虾，以海鲜为原料，以泰国特色调味料红咖喱、椰奶调味，有时还会加入泰国罗勒调味和装饰，特色鲜明，味道浓郁。

泰国菜以用海鲜制作而成的调料为其调制鲜味作为一大特色。以鱼露为例，其作用有如中国菜中的酱油，因此有"泰式调料之王"的美誉。另外，虾酱也是在东南亚菜肴制作中广泛运用的一种泰国特有调料。虾酱是以新鲜虾泥晒干而成的，是虾之鲜味的集中和浓缩。在泰国菜中，虾酱不仅用于各类菜肴的调味，也常常作为蘸酱使用。

2. 味道酸辣，酱料丰富

调味以酸辣为主是泰国菜的一大特色，酸和辣这两种看似简单的味道，经过泰国人的巧手和智慧，呈现出来的味道却可以千变万化。

由于泰国地处热带，当地人普遍嗜食口味重的食物，尤其以酸辣为主。泰国菜堪称无菜不辣，无汤不酸。一些泰国人甚至吃水果也要拌上辣椒，有的穷人没菜下饭的时候，就着辣椒下饭也是一顿。泰国菜对辣味的运用非常讲究，对辣椒的烹调过程和要求也与其他地方有所不同。新鲜辣椒和干辣椒味道不一样，不同品种的辣椒辣度和味道不一样，甚至用不同工具打碎的辣椒风味也有不同。所以，泰国菜用辣，不是简单的辣，而是大有讲究、大有学问的辣。

酸也是泰国菜的特色，鱼肉酸、汤菜酸、蔬菜酸，更有甚者连米饭都会加入酸。几乎每一道泰国菜都要挤上几滴泰国柠檬汁和番茄汁，在泰国菜中酸味的呈现其实是多种香料共同结合的成果，尤其是香茅、高良姜等。泰国厨师喜欢用各种各样的配料和调味品来为菜肴调味。

3. 大米驰名，小吃众多

泰国是食米的国度，米制品是泰国菜必不可少的。泰国香米驰名世界，煮成米饭色泽透亮，清香柔滑。泰国黑糯米味道黏滑。鸳鸯芒果糯米饭、泰式炒金边等用米制成的美食让人难忘。泰国小吃繁多，在泰国街头，常常可见马路两侧摆放着的小摊和推车，鸡饭、粿条、猪脚饭、烤肉串、烤鸡腿、烤香蕉、煎蚝饼、炸蟋蟀、炸蝗虫……品种之多，数之不尽，让人眼界大开。泰国的甜品很丰富，新鲜的水果是甜品的主要部分，滋味清香，爽口不腻。

4. 色彩鲜艳，美味保健

泰国菜色彩鲜艳，红绿相间，卖相极佳。泰国人喜欢把食物弄得五颜六色，不算清雅却极具热带风情，加上泰国原始的食风和田园的气息，使菜肴表现出非常直接而自然的乡村式或家庭式风味。

泰国菜以大量的蔬菜、水果入菜，因此，脂肪含量较低，而且还有草药作为佐料，对身体健康大有裨益。

咖喱时蔬

一、配方

原料	重量（g）	原料	重量（g）
土豆	100	大蒜	20
胡萝卜	100	黄咖喱汁	200
西葫芦	50	咖喱粉	20
青豆	30	姜黄粉	10
西兰花	50	椰浆	50
姜	30	盐	10
洋葱	50	胡椒粉	5

二、制作方法

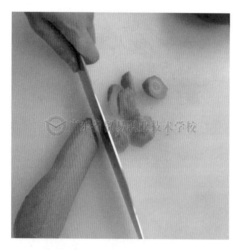

1. 原料洗净去皮后，将土豆、胡萝卜、西葫芦等原料切成滚刀块。

2. 将土豆、胡萝卜、西兰花、青豆焯水备用。

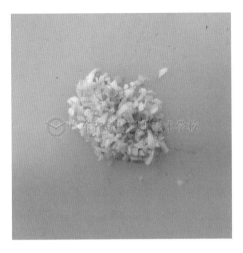

3. 将姜、大蒜切碎备用。

4. 开火后，炒香洋葱、姜、大蒜，淋入黄咖喱汁搅匀。

5. 煮开后，放入焯过水的蔬菜。

6. 加入咖喱粉、姜黄粉、盐、胡椒粉调味，最后淋入椰浆，再次煮开即可。

小贴士：
　　注意放菜次序，保证蔬菜同时成熟。

三、产品照片

质量标准：
1. 色泽：偏黄色。
2. 形状：块状。
3. 口味：咸鲜，咖喱味浓。
4. 口感：咖喱汁较浓，细腻。

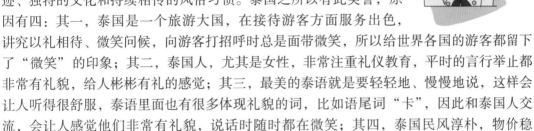

美食巡天下　泰国（四）

1. 微笑的国土

泰国被世人称为"微笑的国土"，拥有无数令人赞叹的名胜古迹、独特的文化和持续相传的风俗习惯。泰国之所以有此美誉，原因有四：其一，泰国是一个旅游大国，在接待游客方面服务出色，讲究以礼相待、微笑问候，向游客打招呼时总是面带微笑，所以给世界各国的游客都留下了"微笑"的印象；其二，泰国人，尤其是女性，非常注重礼仪教育，平时的言行举止都非常有礼貌，给人彬彬有礼的感觉；其三，最美的泰语就是要轻轻地、慢慢地说，这样会让人听得很舒服，泰语里面也有很多体现礼貌的词，比如语尾词"卡"，因此和泰国人交流，会让人感觉他们非常有礼貌，说话时随时都在微笑；其四，泰国民风淳朴，物价稳定，邻里之间相处和睦，治安非常好，夜不闭户，路不拾遗，人民的幸福指数十分高，所以脸上总是挂着微笑。

2. 黄袍佛国、千佛之国

泰国是一个具有浓厚的佛教色彩的国家。95%以上的人民都是佛教徒（主要为小乘佛教），佛教是泰国的国教。佛教无论在精神生活还是物质生活方面，对泰国人民的影响都是巨大而深远的。

佛教在泰国享有非常崇高的地位。佛教使泰国人形成了崇尚忍让、安宁以及爱好和平的道德风尚。泰国政府的重要活动以及民间婚丧嫁娶等一般都要由僧侣主持宗教仪式并诵经祈福。泰国建立现代教学系统之前，佛教寺院是泰国传统文化和佛学教育的重要场所。全国僧侣众多，分沙弥和比丘。沙弥为 7 ～ 20 岁的出家男僧，比丘一般为 20 岁以上的男僧。僧侣的最高领袖为僧王，由国王诰封，另设数名副僧王。泰国僧侣委员会为泰国僧团的最高管理机构。

马来咖喱羊肉

一、配方

原料	重量（g）	原料	重量（g）
羊肉	300	香菜粉	30
土豆	200	小茴香粉	30
洋葱	50	印度黄咖喱酱	300
大蒜	20	盐	10
椰浆	200	糖	10

二、制作方法

1. 将羊肉、土豆、洋葱切块。

2. 将羊肉入蒸柜蒸至断生。

3. 开火后，爆香洋葱及蒜碎。

4. 加入印度黄咖喱酱。

5. 加入糖，搅拌均匀。

6. 加入小茴香粉、香菜粉。

7. 将蒸好的羊肉及土豆倒入锅内搅拌均匀。

8. 加入适量鸡汤后转小火焖煮。

9. 待原料熟软后，倒入椰浆、盐调
味即可。

小贴士：

　　羊肉提前蒸制，保证口感。

三、产品照片

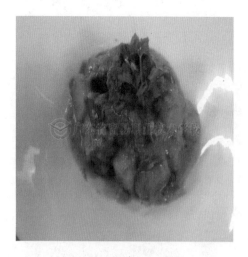

质量标准：

1. 色泽：偏黄色。
2. 形状：块状。
3. 口味：咖喱及椰浆味浓。
4. 口感：羊肉软烂，土豆细腻。

美食巡天下　泰国（五）

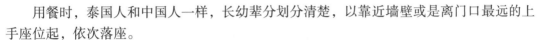

泰国用餐礼仪

　　传统泰国人用餐时多席地而坐，没有华丽的陈设，爱选用竹制桌椅和食具，墙身与天花板会以泛黄竹枝或藤条交织的席纹作主体装修，衬托出椰林树影，显得朴实自然。

　　用餐时，泰国人和中国人一样，长幼辈分划分清楚，以靠近墙壁或是离门口最远的上手座位起，依次落座。

　　泰国人吃饭的时候所用餐具十分简单，基本为一只汤匙、一双筷子，以及一个圆盘。进餐时将饭盛进圆盘中，并用汤匙舀有汤汁的菜肴和米饭，筷子则用来夹菜。

　　吃泰国菜时正确的进餐方式为：先舀适量的白饭在盘中，再用汤匙将菜肴和饭拌匀，并由靠近身体的一侧向前方舀起，吃完再盛饭。需要注意的是，吃饭时不可以为了图方便将盘子端起来吃。

　　另外，由于菜肴种类众多，因此不宜一次盛过多的饭。

海南鸡饭

一、配方

原料	重量（g）	原料	重量（g）
光鸡	1 只	生抽	20
生姜	100	香油	5
大蒜	20	鸡饭老抽	20
香茅	20	糖	100
红辣椒	100	柠檬汁	100
小葱	20		

二、制作方法

1. 锅中放入部分生姜、小葱、大蒜、香茅，加水后煮开。

2. 转小火，将光鸡放入水中至完全浸泡。

3. 将光鸡浸煮约 20 分钟至断生后捞出。

4. 将光鸡放入冰水中浸泡约 10 分钟至皮紧实，斩件淋生抽、香油即可。

5. 将剩余生姜、红辣椒分别加入柠檬汁、糖放入搅拌机搅打成茸，作为蘸碟备用，最后配鸡油饭、鸡汤、鸡饭老抽摆盘即可。

小贴士：

　　光鸡下锅时，注意要提起控水，反复两次至定型后再浸泡效果更好。

三、产品照片

质量标准：

1. 色泽：偏白黄色。
2. 形状：块状。
3. 口味：味鲜，蘸碟酸甜开胃。
4. 口感：鸡肉爽滑，米饭富有弹性。

想一想：

为什么光鸡煮好后要用冰水浸泡？

知识拓展：

中餐在新加坡位居主流地位，但新加坡是多民族融合的国家，饮食风格自成体系，综合了华人、马来人和印度人的料理特色，其中"海南鸡饭"就是典型的代表性菜肴，号称新加坡"国菜"。

在新加坡，无论是高档酒楼还是平民摊档，海南鸡饭到处可见。海南鸡饭从原料到火候，再到蘸料，都有一套讲究。鸡一定要重两千克以上的，这样才够肥美、油分足够，才能保证煮出来的鸡肉香味充足；鸡在煮制时，要先用文火煮 10 分钟，然后把鸡捞起来，沥干水分后，再放入开水中煮 10 分钟，熄火，加盖 10 分钟再捞起，放入冰水中凉却后切块。

制作海南鸡饭的鸡，肉要求刚刚断生，骨头周围的肉还带点粉色，鸡的骨髓还带着血，这样才算合格。

正宗的海南鸡饭用的蘸料也是有讲究的，一共是三碟，一碟为鸡饭老抽、一碟为辣椒酱、一碟为生姜汁，供顾客选择蘸食。

端上餐桌的海南鸡饭，鸡块排列于饭上，淋上香油和生抽，鸡肉滑嫩，米饭香滑可口，再配以蘸料，风味独特，口感极佳。

蕉叶烤鱼

一、配方

原料	重量	原料	重量
红杉鱼	1 条	香茅	10g
柠檬叶	1 片	南姜	10g
蕉叶	1 片	辣椒	10g
柠檬	1 个	盐	5g
红葱头	20g	糖	10g

二、制作方法

1. 将红杉鱼洗净后去鳞、去内脏。

2. 将香茅切段，南姜切片备用

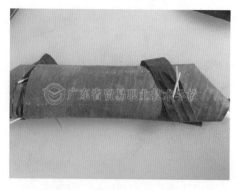

3. 将切好的原料及柠檬叶放入鱼肚中。

4. 鱼肉撒盐后用蕉叶包裹住,用牙签固定。

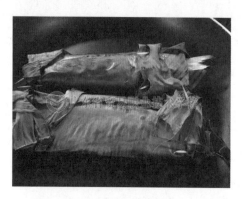

5. 将包好的鱼放入烤箱烤制。

6. 将红葱头、辣椒切碎混合柠檬汁、糖后做蘸碟备用。

7. 鱼烤好后去掉外衣,配柠檬,蘸汁即可。

三、产品照片

质量标准：
1. 色泽：偏红色。
2. 形状：条状。
3. 口味：咸鲜，蘸碟酸甜。
4. 口感：鱼肉富有弹性。

知识拓展：

　　蕉叶烤鱼为泰国东部菜式。当地生产活动以农耕为主，人们生活朴素，爱吃天然食物，崇尚原汁原味，加上田陌之间多河川小流，便常在河边捉鱼食用。在鱼肉上撒盐，裹以树叶，然后放置于石头上生火烧熟。同时，当地人也常常用竹筒把糯米饭烧熟，以手替代筷子食用，深具乡土特色，风味独特。

美食巡天下 泰国（六）

泰东北菜

泰国东北部位于呵叻高原，土地贫瘠，气候干旱，交通不方便，当地经济落后，是泰国最贫穷的地区之一。这里没有农业，大部分人从事劳工或者帮佣服务行业，所以，泰东北菜相对于其他三大菜系而言十分简单，特色不明显。

由于此地与老挝临近，且部分老挝人横渡湄公河来到这里居住，把老挝的饮食风俗也带了过来，所以，泰东北菜带有浓郁的老挝文化。当地人主食为糯米，吃饭时特别喜欢配上烤鸡。饭后甜品也是以糯米制品为主。当地人喜欢把菜肴放在磁漆食盘上，盘上画有颜色鲜艳的大花朵，赏心悦目。

当地人口味较重，嗜辛辣，爱吃用黑胡椒和蒜蓉做成的调料，喜欢自制佐料，将吃不完的鱼制成腌鱼作为调料来使用。此外，辣椒和辣椒粉、鱼露、酸豆、椰子、胡椒等也是泰东北菜的重要佐料。他们还喜欢吃带有血腥的牛肉、脆炸猪皮、鲜蛤以及生腌的蔬菜。

昆虫菜肴是泰东北菜的一大亮点，受环境限制，当地食材资源不丰富，当地人在烹饪食材上物尽其用，蟋蟀、大红蚁、桂花蝉、金龟子、蚱蜢等昆虫经过当地人的奇思妙想和巧手，都变成了餐桌上的美味。因为昆虫菜肴的另类和营养丰富，受到了不少人的青睐，成为泰东北地区的"土特产"之一，为其在泰国食坛上赢得了一席之地。

泰国东北部名菜还有泰北辣肉、青木瓜沙律和蕉叶式烧烤等。

辣味炒花蛤

一、配方

原料	重量（g）	原料	重量（g）
花蛤	300	罗勒	10
大蒜	10	红尖椒	50
辣椒膏	30	鱼露	5
胡椒粉	5	蚝油	10
糖	10	三花淡奶	20

二、制作方法

1. 将原料洗净后，大蒜和红尖椒切碎，罗勒切细丝，花蛤焯水备用。

2. 开火后放入切好的蒜碎、辣椒碎，炒至出香味。

3. 将焯过水的花蛤倒入锅中，大火爆炒至花蛤熟透。

4. 加辣椒膏、糖及蚝油调味，加入适量鸡汤稀释。

5. 淋入适量三花淡奶提鲜。

6. 加入鱼露、胡椒粉调味，撒罗勒拌匀装盘即可。

三、产品照片

质量标准：
1. 色泽：褐色。
2. 形状：粒状。
3. 口味：味鲜，有辣味。
4. 口感：花蛤肉富有弹性。

想一想：

如何鉴别花蛤的新鲜度？

知识拓展：

辣味炒花蛤为曼谷地道小炒，大排档夜市招牌菜，与"飞天通菜"并称为"消夜双宝"。此菜肴的灵魂为辣椒膏，曼谷人常常自己动手制作此酱料，风味独特。花蛤应提前泡水，使其吐出污物或沙砾，这样口感最佳。

夜市，是泰国各地的共通语言，也是一种生活风格，曼谷的夜市举世闻名。泰国人爱逛夜市，逛夜市也是到泰国旅游的人不能错过的活动。夜市的商品包罗万千，美食多姿多彩，加上始终微笑的泰国商人，让人难以抗拒。曼谷比较著名的夜市有考山路夜市、帕蓬夜市和河边夜市。值得一提的是，曼谷的每一个夜市都有着强烈的区域特色，并不是千篇一律的。曼谷夜市不仅是观光购物的绝佳去处，更是美食爱好者的天堂。在这里，小吃云集，餐厅林立，来自东南亚的各种美食在这里大放异彩，遍布夜市的泰国特色小吃更是令人食指大动，泰式炒金边粉、泰式煎蛋卷、冬阴功汤、青木瓜沙律、凤梨炒饭、烤肉、椰汁冰淇淋、热带水果等，风味各异，回味无穷。

美食巡天下　泰国（七）

泰北菜

　　泰国北部与西部山区地势较高，有湄南河沿着山谷向南流，形成南北向四大纵谷。由于其地处山区，气候变化大，食物多以腌制品为主，口味劲辣、重酸。

　　北部地区以糯米为主食，也经常食用河粉、米粉。当地人习惯将糯米蒸熟后捏成小饭团，蘸上汁酱食用。一般是先将糯米放在冷水中泡一个晚上，第二天再把泡好的糯米放在有孔眼的竹制蒸具上蒸熟。蒸的过程中很讲究火候，如果火候不够，则味道不佳；如果蒸过了，糯米就会变成糊状，口感不好。

　　泰北菜以各色凉拌沙拉、辣酱和咖喱闻名，当地人喜欢吃煮含盐量较高的食物。主要的肉类有牛肉、鸡肉、鸭肉、雀肉和海鲜。泰北的咖喱，味道相对于其他地方偏淡，不加椰浆，香而不辣。此外，各种小淡水鱼、青蛙、田蟹、田螺、田鼠、野兔、蛇、蜥蜴等，都是当地人的日常食物。

　　泰北的历史名城清迈以"辣味"博得许多泰国人和外国游客的喜爱，炸食、炒菜的种类非常多，风味独特。当地还有许多小有名气的风味食物，味道鲜美。其中，以辣味腊肠和辣味面最负盛名。腊肠形状与中国腊肠相比略大，可以切片以后蘸着鱼露吃，也可以切片以后佐以花生、柠檬粒、生姜和辣椒一起食用。传统的"康笃晚餐"及"卡奥·索易"风味小吃，是清迈最地道、最有特色的菜式。

　　泰北名菜有烤鸡、青木瓜沙律、酸肉、咸蟹沙律、肉碎沙律等。

清迈烤鸡

一、配方

原料	重量	原料	重量
光鸡	1 只	美极	50g
红葱头	100g	糖	20g
大蒜	50g	胡椒粉	20g
香菜	30g	盐	10g
鱼露	50g	泰式鸡酱	50g

二、制作方法

1. 将红葱头、大蒜、香菜、鱼露、美极等用搅拌机搅打成汁。

2. 光鸡洗净后将打好的汁液均匀涂抹在光鸡表面，并加入糖、盐、胡椒粉腌至入味。

3. 将腌制好的鸡放入烤盘，用毛刷在光鸡表面刷一层油。

4. 将处理好的鸡放入烤箱，烤制温度控制在160℃～180℃，上色熟透后取出切块装盘即可，可配泰式鸡酱。

三、产品照片

质量标准：
1. 色泽：偏褐色。
2. 形状：块状。
3. 口味：咸鲜味美。
4. 口感：外皮焦香，鸡肉爽滑多汁。

美食巡天下　泰国（八）

清迈

　　清迈是泰国第二大城市，发达程度仅次于首都曼谷，是泰国北部政治、经济、文化的中心。因清迈市内风景秀丽，花草遍植，尤其以玫瑰花最为出名，素有"泰北玫瑰"之称。清迈也是泰国历史上曾风光无限的兰纳王朝的首都，至今仍然保留着很多历史文化遗迹。

　　与繁华现代的首都曼谷相比，清迈算是一个"温柔"的城市，空气清新、城市幽静、街景自然，有着深厚的文化底蕴，城内遍布着古意盎然的寺庙和佛塔。

　　水灯节是泰国的传统节日，在泰历十二月即公历十一月举行，而尤以清迈水灯节最为精彩。"Krathong"意为"水灯"，是一个用芭蕉叶编制而成的手工艺品。"Loi"在泰语中意为在水中或空中漂浮。水灯节也是泰国的情人节，每年的这个时候都会有成双成对的恋人在充满烛光和美景的浪漫夜晚来到河边，一起放水灯许愿祝福幸福美好的明天。将插有鲜花、蜡烛和硬币的水灯放到水上漂走，意为让所有的烦恼顺水流走，而让美好的东西留下。水灯节期间，泰国全境都会举行丰富多彩的节日活动。

　　在泰北，水灯节也叫"Yi Peng Festival"。当天，当地老百姓会着盛装祈福，活动中陆续将上千只水灯放入河中漂浮，场面非常壮观。河岸会摆放特制的、精美绝伦的皇家水灯，供游客们观赏和拍照留念。

　　清迈水灯节享负盛名的一个重要原因是，这里还有另一个特色活动，即"放天灯"。清迈天灯节被泰国旅游局誉为"泰国七大奇迹"之一。通常定在11月份左右，在清迈水灯节前一周或后一周的星期六举行（每年具体时间不同）。万人天灯活动是泰北独特的活动，泰北放天灯的传统至今已有两千五百多年历史，放天灯意指向河神及天神求宽恕，祭拜供奉于天堂之上的佛祖头发舍利。放天灯是兰纳民族的传统，佛教徒通过放天灯表达自己对佛教的虔诚之意，同时佛教徒也相信放天灯可以放开厄运、放开痛苦，并把坏事都放走，为生命带来吉祥如意。数以万计的、漫天飘动着的天灯的耀眼光芒甚是美丽迷人，给很多游客留下深刻印象。但是以往的天灯节由于没有遵循原本的节日传统，有可能对房屋建筑和航空造成危险。清迈政府不得不规定，清迈每年只可以放两次天灯，分别为泰历十二月满月的水灯节之夜和每年年末之夜。

坦度里烤鸡

一、配方

原料	重量（g）	原料	重量（g）
鸡肉	300	大蒜	30
姜	50	柠檬汁	30
辣椒粉	10	盐	5
玛莎拉粉	30	奶油	50
咖喱粉	30		

二、制作方法

1. 将姜、大蒜分别切碎或打碎。

2. 在奶油中加入柠檬汁，用蛋抽搅打至浓稠状。

3. 将酸奶油、玛莎拉粉、咖喱粉、辣椒粉、姜碎、蒜碎、盐混合均匀。

4. 将鸡肉放入混合好的调料中，腌至入味。

5. 将腌制好的鸡肉放入印度烤炉中烤至熟透。

6. 取出鸡肉切块摆盘，配酸奶油即可。

小贴士：
　　应保证鸡肉的腌制时间，完全入味后方可入炉烤制。

三、产品照片

质量标准：

1. 色泽：偏红褐色。
2. 形状：块状。
3. 口味：香料味浓。
4. 口感：鸡肉外焦里嫩。

知识拓展：

　　"坦度里烤鸡"也常被称作"印度酸奶烤鸡"，加入酸奶油后，不仅可以保持肉质滑嫩，还可以将各种香料的味道融合得更好。

　　"坦度里"既是对印度传统黏土烤炉的称呼，又是一种烹饪方法。坦度里烤炉通常容量很大，有的甚至是在地上挖出一个坑来。当地人将事先腌制好的肉类用巨大的金属钎子串好，放入炉内。由于火在下面燃烧，只有炉子顶部可以散发热量，所以很容易达到很高的温度，并在炉内形成一个烟熏的环境。正是这种特殊的制作方法，成就了坦度里烤鸡独特的风味。

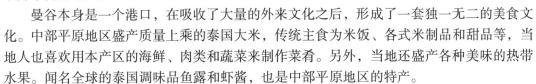

泰中菜

泰国中部位于湄南河冲积平原，面积广阔，地势平坦，盛产稻米、玉米、甘蔗等农产品，是泰国的心脏地带，也是泰国饮食文化最为丰富的地区。

曼谷本身是一个港口，在吸收了大量的外来文化之后，形成了一套独一无二的美食文化。中部平原地区盛产质量上乘的泰国大米，传统主食为米饭、各式米制品和甜品等，当地人也喜欢用本产区的海鲜、肉类和蔬菜来制作菜肴。另外，当地还盛产各种美味的热带水果。闻名全球的泰国调味品鱼露和虾酱，也是中部平原地区的特产。

中部地区由于常年高温，食物的口味多以酸、辣、甜为主，烹调方法以煎、炸居多。代表菜肴包括咖喱炒蟹、冬阴功汤、辣椒膏炒青口等。

香花菜煎蛋

一、配方

原料	重量（g）	原料	重量（g）
鸡蛋	200	红尖椒	10
香花菜	30	鱼露	10
小干葱	10	胡椒粉	3
大蒜	10		

二、制作方法

1. 将原料洗干净后分别切碎备用。

2. 将鸡蛋打散成蛋液。

3. 将所有原料混合均匀。

4. 加入鱼露调味。

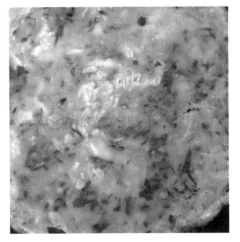

5. 热锅淋油后，倒入搅拌好的蛋液。

6. 底部煎上色后翻面，煎至两面均匀上色成熟，切块摆盘即可。

小贴士：

　　注意煎蛋饼时火候的控制，火太猛容易起泡，火太小不易上色且口感偏老。

三、产品照片

质量标准：

1. 色泽：金黄。
2. 形状：块状。
3. 口味：味鲜、香花菜味浓。
4. 口感：富有弹性。

知识拓展：

  香花菜又名夜香花，叶形状似薄荷，故有绿薄荷之名。香花菜可作普通蔬菜吃，叶和茎皆有香味。用香花菜来煎鸡蛋，是泰国十分普遍的吃法。香花菜除了食味甘美外，更有治疗头晕、头风的作用，如觉头部刺痛，则可以香花菜煲水饮用。香花菜除了煎蛋之外，还可以搭配肉类滚汤佐膳，可助调理肝气。

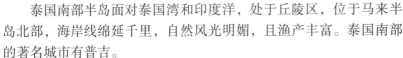

美食巡天下　泰国（十）

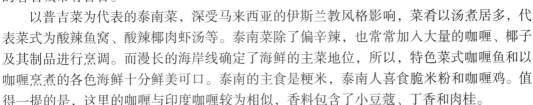

泰南菜

　　泰国南部半岛面对泰国湾和印度洋，处于丘陵区，位于马来半岛北部，海岸线绵延千里，自然风光明媚，且渔产丰富。泰国南部的著名城市有普吉。

　　以普吉菜为代表的泰南菜，深受马来西亚的伊斯兰教风格影响，菜肴以汤煮居多，代表菜式为酸辣鱼窝、酸辣椰肉虾汤等。泰南菜除了偏辛辣，也常常加入大量的咖喱、椰子及其制品进行烹调。而漫长的海岸线确定了海鲜的主菜地位，所以，特色菜式咖喱鱼和以咖喱烹煮的各色海鲜十分鲜美可口。泰南的主食是粳米，泰南人喜食脆米粉和咖喱鸡。值得一提的是，这里的咖喱与印度咖喱较为相似，香料包含了小豆蔻、丁香和肉桂。

　　泰国比较著名的燕窝产地也在南部，是一个叫"万伦"的地方。这里大小岛屿密布海上，燕子成群结队栖息在海岛的岩洞中，吐液筑巢，这些唾液就是价格昂贵的燕窝。泰国燕窝也是中外闻名的宴客大菜。

　　宫廷菜是泰南菜的代表，传统的泰国沙莲鱼酱和猪肉辣番茄酱深受大众欢迎。

模块四自我测验题

 要加油哦！

一、选择题

1. 制作黄咖喱鸡时，原料应如何进行刀工处理？（　　）。

    A. 鸡肉、洋葱、辣椒、土豆等分别切成丁状

    B. 鸡肉、洋葱、辣椒等分别切成丁状，土豆切成滚刀块

    C. 鸡肉、洋葱、辣椒等分别切成块状，土豆切成滚刀块

    D. 鸡肉、洋葱、辣椒等分别切成丝状，土豆切成滚刀块

2. 香花菜煎蛋中的香花菜又称为（　　）。

    A. 罗勒叶   B. 紫苏叶   C. 绿薄荷   D. 香菜

3. 下列关于香兰叶的认识不正确的是（　　）。

    A. 香兰叶是一种热带绿色植物，在马来西亚非常普遍

    B. 香兰叶是东南亚常用的香料之一，可以搅打出新鲜汁液添加在甜点中使用

    C. 新鲜的香兰叶可用于炖煮或用来包裹食物油炸，也可添加在白饭中一起煮，煮好的饭会有股浓郁的特殊香味

    D. 香兰叶是香茅的叶子，新鲜的香兰叶汁可以用来替食物染色

4. "峇峇"指的是（　　）。

    A. 东南亚华人后代

    B. 华人与东南亚当地人通婚所生的后代

    C. 华人与东南亚当地人通婚所生的女孩

    D. 华人与东南亚当地人通婚所生的男孩

二、判断题

1. 马来西亚经常食用的肉类主要有羊肉、牛肉、猪肉等。   （　　）

2. 坦度里烤鸡又常被称为"印度酸奶烤鸡"，是印度特色菜肴。   （　　）

3. 鉴别花蛤新鲜与否常用的办法是将其焯水，花蛤开口则表示新鲜。   （　　）

4. 卡菲尔柠檬又名"皱皮青柠"，其特点是个小、味酸、香味浓郁，常用于泰国菜肴中。   （　　）

5. 香兰叶又称"班兰叶"，具有特殊的香气，常用于椰子类甜品中。   （　　）

模块 五

主食类菜肴

师傅教路: 东南亚出产丰足而且优质的大米, 因此他们除了将大米作为日常主食之外, 还用来制作各种米制品, 河粉就是其中之一。河粉除了可以凉拌, 还经常与肉类或海鲜一同烹调制作各种热菜和汤菜等。

另外, 东南亚的面食也非常有名, 当地人尤其注重汤底的调制, 他们善于利用当地的香料进行烹饪, 像香茅、干葱、辣椒等, 又因其海鲜众多, 因此习惯加入海鲜食材。而且, 当地盛产椰子, 将椰子榨汁后调制成椰浆加入汤底, 也别具风味。

椰浆饭

一、配方

原料	重量	原料	重量
香米	200g	盐	5g
椰浆	200g	香兰叶	1片
椰蓉	20g		

二、制作方法

1. 将香米洗净后，用水浸泡约 20 分钟。

2. 将泡好的大米放入锅中，倒入椰浆。

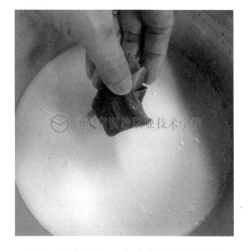

3. 加入食盐调味并搅拌均匀。

4. 放入香兰叶，大火烧开后改小火焖煮约 15 分钟，撒椰蓉，最后再焖制 5 分钟，将香兰叶取出即可。

小贴士：

　　椰子壳内有一层约 1 厘米厚的白色椰子肉，是椰浆的原料。椰浆既可用于甜品的制作，也是制作咖喱的重要原料。

三、产品照片

质量标准：

1. 色泽：白色。

2. 形状：粒状。

3. 口味：回口香甜，椰味浓郁。

4. 口感：米饭富有弹性。

知识拓展：

泰国是世界三大谷仓之一，泰国大米更是稻米中的珍品，在世界粮食市场上享有非常高的声誉，畅销各地。

泰国中部、南部及其城市地区，一般主食为粳米，北部和东北部则为糯米。泰国米品种非常多，最有名的莫过于泰国香米。

泰国香米，其商业名称为"Jasmine Rice"（茉莉花大米），历史悠久，享誉全球，是世界公认的优质大米米种。泰国香米原产泰国，是长粒型大米，属籼米的一种，因其香糯的口感和独特的露兜树香味闻名。最好的泰国香米产地是泰国东北部的乌汶府和武里南府以及北部的清莱府，尤其是乌汶府。

泰国香米的完整颗粒长度大都不小于7毫米。由于阳光、水土和气候等原因，最好的香米理论上只出产于泰北各省。泰国香米除了有白色的以外，还有褐色的糙米。那层被留在米外面的、薄薄的褐色外衣，被认为更具有营养价值。在不以米作为主食的西方国家，很多人也把吃泰国香米当作某种食疗，白色的泰国香米被认为有助于预防老年痴呆，而褐色的则被认为可以防治胆固醇。

鸡油饭

一、配方

原料	重量	原料	重量
香米	200g	生姜	30g
鸡油	50g	大蒜	20g
盐	5g	香茅	20g
红葱头	50g	香兰叶	1 片

二、制作方法

1. 将原料切碎，鸡油洗净后放入锅中炼制清鸡油备用。

2. 另起锅，倒入清鸡油慢火炒香料头至出香味。

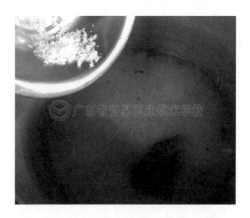

3. 放入香米，转小火炒至香米呈半透明状。

4. 香米炒好后倒入适量鸡汤，加入盐调味，煮开后转小火焖煮约15分钟即可。

小贴士：

　　炒米时要不停翻炒均匀，防止粘黏。

三、产品照片

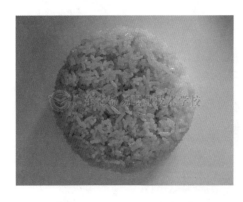

质量标准：

1. 色泽：偏黄色。

2. 形状：粒状。

3. 口味：咸鲜味美，鸡油味浓。

4. 口感：米饭富有弹性。

想一想：

　　煮米饭时是否可以经常打开锅盖查看？

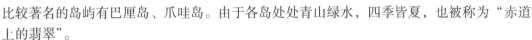

美食巡天下　印度尼西亚（一）

　　印度尼西亚全称印度尼西亚共和国（The Republic of Indonesia），简称印尼，是世界上最大的群岛国家，拥有岛屿 17 508 个，位于亚洲东南部，地跨赤道，与巴布亚新几内亚、东帝汶、马来西亚接壤，疆域横跨亚洲和大洋洲，有"千岛之国"的别称。其中，比较著名的岛屿有巴厘岛、爪哇岛。由于各岛处处青山绿水，四季皆夏，也被称为"赤道上的翡翠"。

　　印度尼西亚是仅次于中国、印度、美国的世界第四人口大国，人口总数超过 2.5 亿，全国有 100 多个民族，绝大多数人民信奉伊斯兰教，所以绝大部分居民不吃猪肉，而是习惯吃牛肉、羊肉等肉类。

　　印度尼西亚是一个盛产香料的国家，印尼人制作菜肴时喜欢放入各种香料以及辣椒、葱、姜、蒜等，因此印尼菜的特点是辛辣味香。

泰式鸡丝炒饭

一、配方

原料	重量	原料	重量
米饭	300g	青豆	20g
鸡胸肉	50g	鸡蛋	2个
胡萝卜	30g	红辣椒	20g
玉米粒	30g	小干葱	30g
辣椒粉	5g	鱼露	10g
糖	10g	胡椒粉	3g
盐	5g	生粉	5g

二、制作方法

1. 将胡萝卜切粒，小干葱、红辣椒切片，鸡胸肉切细丝，然后用胡椒粉、鱼露、生粉腌制备用。

2. 将切好的胡萝卜粒、青豆、玉米粒焯水备用。

3. 将部分小干葱炸成干葱碎备用。

4. 倒入蛋液，炒至断生，将米饭打散后，倒入锅内炒匀。

5. 另起锅，放入干葱碎及红辣椒炒出香味，然后加鸡丝、胡萝卜粒、青豆、玉米粒炒香。

6. 加入米饭，撒适量辣椒粉拌匀，最后放入鱼露、盐、糖调味，装盘时撒炸香的干葱碎装饰即可。

小贴士：

　　米饭最好用隔夜饭，炒制时可先慢慢斜铲下来，入锅轻轻敲打散开，并注意用武火不停翻炒。

三、产品照片

质量标准：
1. 色泽：偏黄色。
2. 形状：粒状。
3. 口味：咸鲜、微辣。
4. 口感：米饭富有弹性。

泰式凤梨炒饭

一、配方

原料	重量（g）	原料	重量（g）
米饭	300	鸡蛋	50
虾仁	30	鱼露	20
火腿	20	泰式鸡酱	20
小干葱	20	盐	5
红辣椒	10	胡椒粉	3
凤梨	50		

二、制作方法

1. 将干葱、红辣椒切碎，火腿、凤梨切粒，虾仁去虾线备用。

2. 将蛋液滑炒至断生。

3. 倒入凤梨、火腿粒、虾仁搅拌均匀。

4. 加入米饭，大火炒至出香味后淋鱼露，撒盐、胡椒粉调味，跟配泰式鸡酱即可。

小贴士：

凤梨粒可用凤梨汁或糖水提前腌一下。

三、产品照片

质量标准：

1. 色泽：偏白色。
2. 形状：粒状。
3. 口味：味鲜，凤梨味浓。
4. 口感：米饭富有弹性。

想一想：

1. 为什么隔夜饭适合用来炒饭？
2. 泰式鸡酱有什么特点？

美食巡天下　印度尼西亚（二）

印度尼西亚饮食

1. 主食

印尼地处热带，不出产小麦，所以居民的主食是大米、玉米或薯类，尤其是大米最为普遍。除直接煮熟外，印尼人也喜欢用香蕉叶或棕榈叶把大米或糯米包好，蒸熟食用，印尼人称之为"克杜巴"。不过，印尼人也喜欢吃面食，如各种面条、面包等。

2. 风味小吃

印尼风味小吃种类繁多，主要有煎香蕉、糯米团、鱼肉丸及各种烤制糕点。印尼人还喜欢吃凉拌什锦菜和什锦黄饭。

凉拌什锦菜的做法是先将蔬菜洗净，切好后用各种佐料拌在一起食用，佐料以花生酱为主，这是印尼的大众菜式。

什锦黄饭的做法是把黄姜洗净，然后在礤床上搓成末，兑水榨出浓汁，再加入椰汁、香茅和小橘叶拌匀。将大米洗净，然后放入上述汁液中煮熟，出锅后即成黄米饭。在吃的时候，在黄米饭上盖上肉丝、鸡蛋丝、炸黄豆和炸红葱等配菜。印尼人把黄色视为吉祥的象征，故黄米饭成为礼饭，在婚礼和祭祀上必不可少。

3. 饮料

由于印尼盛产咖啡，所以喝咖啡在印尼很普遍，如同中国人喜欢喝茶一样。此外，由于地处热带，印尼人喜欢喝各种冷饮。除冰淇淋、汽水外，还有用菠萝、椰子、芒果等制作的各种冷饮。由于伊斯兰教徒不能喝烈性酒，所以多数印尼人只喝啤酒。

4. 水果

印尼盛产各种热带水果，尤其是香蕉，品种多达几十种。根据香蕉的品种不同，吃法也大相径庭，包括生吃、煮、油炸、炭火烤等各种食用方法。用油炸的，一般是先将香蕉去皮，切成两半，用稀面糊裹上，再油炸；用炭火烤的，一般是先把带皮的香蕉压扁，然后在炭火上烤熟，蘸糖酱食用。

印尼炒饭

一、配方

原料	重量	原料	重量
米饭	300g	ABC 酱油	20g
鸡蛋	50g	番茄辣椒酱	20g
青豆	20g	桑巴酱	10g
胡萝卜	20g	印尼虾片	1 片
虾仁	30g	盐	5g
鸡胸肉	30g	胡椒粉	5g

二、制作方法

1. 原料清洗干净后，将胡萝卜、鸡胸肉切粒，虾仁去虾线。

2. 另起油锅炸印尼虾片，做配菜备用。

3. 锅中烧油，炒香青豆和胡萝卜粒，放入虾仁和打散的米饭翻炒至出香味。

4. 加入桑巴酱、ABC 酱油，并搅拌均匀。

5. 加入适量番茄辣椒酱。

6. 最后撒盐和胡椒粉调味即可。

小贴士：

　　炒饭酱料水分多，容易使米饭黏结成团，炒的时候一定要用大火将其翻炒均匀。另外，印尼炒饭一般会搭配煎蛋、虾片、沙爹肉串或烤鸡翅食用。

三、产品照片

质量标准：
1. 色泽：偏褐色。
2. 形状：米粒状。
3. 口味：咸甜、微辣，有虾酱味。
4. 口感：炒饭富有弹性，虾片酥脆。

美食巡天下　印度尼西亚（三）

印尼人喜欢吃"沙爹""登登""咖喱"等。"沙爹"原意为烤肉串，它的制作方式讲究，先把鲜嫩的牛羊肉切成小块，然后浸泡在调料里，再用细竹条串起来，用炭火烤，边烤边将调料汁刷在肉串上，使肉串散发出阵阵香味，烤熟后蘸辣椒、花生酱一起吃，味道鲜美可口。"登登"是牛肉干，制作方式也很讲究，先把鲜嫩的牛肉切成薄片，再涂上伴有香料的酱油，略放些糖，然后晒干。吃的时候用油炸，味道十分美味。

印尼盛产鱼虾，印尼人对鱼虾也有自己的一套吃法。除了煎、炸之外，还会将鱼开膛，在鱼腹里涂上香料和辣酱，然后烤熟吃。吃虾时，把活虾放在玻璃锅内，倒上酒精，点上火，盖锅盖，片刻便把活虾煮熟，然后蘸辣酱食用，味道富有特色。

炒贵习

一、配方

原料	重量（g）	原料	重量（g）
河粉	300	朝天椒	10
广味香肠	30	生抽	10
虾仁	50	蚝油	10
豆芽	20	桑巴酱	20
韭黄	20	胡椒粉	5
鸡蛋	50	白芝麻	10
大蒜	10		

二、制作方法

1. 将香肠切斜片，虾仁去虾线，豆芽去头尾，鸡蛋打成蛋液，大蒜、朝天椒切碎备用。

2. 开火后将蛋液滑炒至断生备用。

3. 另起锅，加入蒜碎、辣椒碎炒香，然后加入虾仁、广味香肠、豆芽、韭黄，与鸡蛋一起搅拌均匀。

4. 加入河粉后大火炒制，最后加入调味料翻炒均匀即可。

小贴士：

　　"炒贵刁"也称"炒粿条"，是潮汕话对炒河粉的称呼。河粉是广州米粉的一种，以沙河镇出产的最为出名，简称"沙河粉"。当地人利用白云山九龙泉泉水制作出来的河粉，薄、韧、口感爽滑。现已是全球知名的米制品之一。

三、产品照片

质量标准：
1. 色泽：偏褐色。
2. 形状：条状。
3. 口味：咸鲜，有辣味。
4. 口感：河粉富有弹性。

知识拓展：

1. 农历新年

农历新年是东南亚华侨华人最期盼的一个节日，节日风俗和中国大致一样，到处张灯结彩，敲锣打鼓。人们舞狮舞龙，在除夕夜晚点燃烟花爆竹，亲朋好友互相登门拜年，喝茶叙旧，共享美味佳肴，一起迎接新一年的到来。

2. 开斋节

开斋节是东南亚各国共有的属于伊斯兰教的一个节日，时间在伊斯兰教历十月一日。按照伊斯兰教法规定，伊斯兰教历每年九月为斋戒月。凡是成年且健康的穆斯林都应该全月封斋，当月的二十九号如果见到新月，第二日即为开斋节，庆祝斋戒完成。穆斯林前往清真寺参加会礼，听伊玛目宣讲教义。伊斯兰教法还规定在节日进行下列事情是可嘉行为：刷牙、沐浴、点香、穿洁美服装、会礼前开斋施舍和低声念颂赞主词。

3. 卫塞节

卫塞节是南传佛教纪念佛教创始人释迦牟尼佛祖诞生、成道、涅槃的节日。时间为公历五月月圆之日。东南亚和南亚国家如斯里兰卡、泰国、缅甸、新加坡、马来西亚、印度尼西亚、尼泊尔、越南等国的佛教徒，均会在这个节日举行盛大的庆祝活动。

另外，东南亚地区的代表性节日还有焰火节、屠妖节、泼水节等。

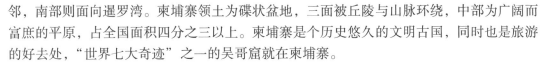
美食巡天下　柬埔寨、菲律宾

一、柬埔寨

柬埔寨，全名柬埔寨王国，旧称高棉。位于中南半岛，西部及西北部与泰国接壤，东北部与老挝交界，东部及东南部与越南毗邻，南部则面向暹罗湾。柬埔寨领土为碟状盆地，三面被丘陵与山脉环绕，中部为广阔而富庶的平原，占全国面积四分之三以上。柬埔寨是个历史悠久的文明古国，同时也是旅游的好去处，"世界七大奇迹"之一的吴哥窟就在柬埔寨。

柬埔寨菜又称高棉菜。高棉美食文化源远流长，在高棉美食中，大米和鱼在日常饮食中扮演着重要角色。因为湄公河流经柬埔寨境内并注入洞里萨湖，所以这里的稻米和淡水鱼都很丰富。另外当地还出产各种特色香料，为高棉菜增加了独特的味道。高棉菜受到多种文化影响，柬埔寨曾经被法国殖民多年并有众多华人移民，因此高棉菜兼具东西方风味，融汇亚欧风情。

"Amok"是一种最受欢迎的传统柬埔寨美食之一，几乎在各个柬埔寨菜餐馆都可以吃到。做法就是用 Amok 叶子或香蕉叶裹着肉类烘烤，再加上椰奶、咖喱粉、姜黄粉、柠檬、香草等调料，然后加入主料烹制，最后盛在椰子壳或者瓷碗中，很有当地特色。一般有鱼肉 Amok、鸡肉 Amok、牛肉 Amok 等。

1. 柬式火锅

传统的柬式火锅使用陶瓷锅，汤底有香料和药材，口感清甜，样子看起来很像中国的小火锅，但味道大有不同。一小锅汤、一盘牛肉、一盘新鲜蔬菜（包括几片香蕉、芭蕉之类）、一盘小圆饼、一碟蘸料，吃的时候将肉片放入火锅，将两张小圆饼转着圈蘸水后放在空盘上，待肉熟了，放到饼上，再放上新鲜蔬菜，这时候饼也渐渐变软，将饼卷起来后再蘸着蘸料吃。

2. 柬式春卷

柬埔寨的春卷分成两种，一种是类似越南的春卷，春卷的皮薄如蝉翼，近乎透明。透过这层皮能够看到里面包裹着的花花绿绿的新鲜蔬菜；还有一种是类似中国的炸春卷。

3. 柬式酸汤

牛肉、猪肉、鸡肉、鱼肉都是可以做酸汤的主料，再放进各种素菜诸如空心菜、莲茎、冬瓜、酸菜等。柠檬汁、鱼露、醋、辣椒也是必不可少的调味料。酸汤鱼是柬埔寨人民的家常菜，制作方便、快捷而且口味独特。

4. 米线

米线是柬埔寨最受欢迎的早餐之一，因为加入了特制的酱油、鱼露、柠檬汁等调味料，汤汁味道异常鲜美。

5. 柬式三明治

作为曾经的法国殖民地，柬埔寨在饮食上也受到了法国菜的巨大影响。这里的法棍是经过了改良做成的，把法棍从中间剖开，在中间涂上肉酱或黄油，塞入几片肉片、腌黄瓜、腌木瓜或萝卜丝、大葱等配菜，然后淋上一层番茄酱，就成了柬式三明治了。这种"变种法棍三明治"，外皮酥脆，口感松软，很受当地人的欢迎。

6. 用餐礼仪

柬埔寨人以大米为主食，他们因为多信奉佛教，忌讳杀生，所以不大食用肉类，喜食素菜，饭后有漱口的习惯。

二、菲律宾

菲律宾，全称菲律宾共和国，位于亚洲东部，环太平洋火山地震带上，由西太平洋的菲律宾群岛组成，西濒南中国海，东临太平洋。菲律宾是一个多民族国家，由于历史原因，融合了许多东西方的风俗习惯。菲律宾最大的魅力在于其多样性，也是亚洲唯一的天主教国家。对菲律宾饮食影响最为深远的是西班牙菜，从十六世纪占领菲律宾开始，西班牙统治菲律宾长达三百多年，因此也将西式饮食融入菲律宾的饮食文化中。

菲律宾人以大米、玉米为主食，有时候也吃薯粉，伴以蔬菜和水果等。菲律宾的农民一般是煮饭前才舂米，他们把米放在瓦罐或者竹筒里面去煮，用手抓饭进食。他们还喜欢吃椰子汁煮木薯、椰子汁煮饭。玉米一般是先晒干磨成粉，再做成各种食物。中产阶级和富人则一般是吃西餐。

菲律宾菜独具特色，菜肴新鲜味美、香气浓郁、色彩缤纷、风格多样。作为一个群岛国家，菲律宾海产特别丰富，龙虾、蟹、鱼、鱿鱼等海产品种多样，琳琅满目。海鲜菜品成为大部分食肆和家庭的必备菜式，其中以烧烤最受欢迎。南部棉兰老岛西部的港口城市三宝颜盛产一种貌似蟹和龙虾混合体的海产，味道十分鲜美，是当地饭店的招牌菜。烤乳猪也是菲律宾名菜之一。

星洲炒米粉

一、配方

原料	重量（g）	原料	重量（g）
米粉	300	洋葱	20
青椒	30	咖喱粉	20
豆芽	20	姜黄粉	10
叉烧肉	30	胡椒粉	3
虾仁	50	白芝麻	10
鸡蛋	50	盐	5

二、制作方法

1. 将米粉用冷水泡软，洋葱、青椒分别切细丝，豆芽去头尾，叉烧肉切片，虾仁去虾线，鸡蛋打成蛋液备用。

2. 开火后，锅中倒入适量色拉油，爆香洋葱丝。

3. 撒青椒丝、叉烧肉、豆芽、虾仁。

4. 加入炒好的鸡蛋。

5. 放入泡好的米粉，大火炒香，搅拌均匀。

6. 加入咖喱粉及姜黄粉，并撒入盐、胡椒粉、白芝麻即可。

小贴士：

咖喱粉容易结团，所以在炒制过程中一定要搅拌均匀，否则影响口感。

三、产品照片

质量标准：

1. 色泽：偏黄色。
2. 形状：丝状。
3. 口味：咸鲜，咖喱味浓。
4. 口感：米粉富有弹性。

想一想：

"星洲"代表什么意思？

知识拓展：

东南亚地处热带，气候湿热，土地肥沃，为水果的生长提供了良好的自然条件。东南亚水果不仅品种多，光是香蕉就有二十多个品种，而且全年不断。水果对于东南亚人民而言，是上天的馈赠，水果已经渗透到东南亚饮食的方方面面。用水果入菜、餐前饭后水果等都在向我们传达一个信息，那就是水果与东南亚人的日常饮食密不可分。

东南亚的水果种类繁多，有菠萝、荔枝、椰子、西瓜、龙眼、石榴、棕榈果、橙子、柑橘、阳桃、柚子、大树菠萝、青柠檬、番石榴、人参果等，而最著名、最有特色的水果，莫过于榴梿。

榴梿原产于马来西亚，俗称麝香猫果。其外皮坚硬，有粗硬的光刺，又称刺果。榴梿有"水果之王"的称号，鲜美可口，营养丰富。榴梿树的寿命可达五六十年，每年开花结果1～2次，结果以后3个月榴梿才会成熟，每年的5—6月是榴梿收获的时候。东南亚各国都盛产榴梿，其中马来西亚和泰国的榴梿质量最好。国内进口的榴梿以越南榴梿、泰国榴梿及马来西亚榴梿为主。

一、泰国榴梿

D159 金枕头："Monthong（金枕头）"榴梿是泰国的轻型榴梿中的一个名种，因其口感香甜，榴梿气味不太浓，很适合吃榴梿的入门者，而且从泰国出口到国内的榴梿也大多是金枕头榴梿，它是目前市面上最常见的榴梿品种。一般是榴梿七八分熟时，从树上采摘

下来，运输到国内销售。该品种的榴梿肉多、甜味高、水分多、果肉呈淡黄色，经常会出现其中有一瓣比较大，称之为"主肉"。

D123 青尼："Chanee（青尼）"榴梿是泰国的名种榴梿之一，其外形呈圆锥形，金黄色的果肉散发出浓烈的榴梿香味，令人回味无穷。与金枕头榴梿相比，气味和口感更加浓郁厚重。

二、马来西亚榴梿

D24 苏丹王榴梿：苏丹王榴梿是比较大众化的马来西亚榴梿，榴梿味道浓郁、质地较干、甜味适中、清爽不腻，但是核比较大，有些能占果肉一半的重量。

D101 红肉榴梿：红肉榴梿个头小，是马来西亚主流的榴梿品种，甜度高、核小肉厚，果肉呈金黄色略偏红。口味与苏丹王榴梿、猫山王榴梿有明显不同，有草药的味道。纯红肉的榴梿，草药味更重，甚至会有类似汽油的味道，人们对其接受度不高。

D197 猫山王榴梿：猫山王榴梿是马来西亚顶级的榴梿品种，有"榴梿之王"的美誉。吃完回味甘甜，榴梿味最浓，并带有奶油味。果肉色泽呈姜黄色，拥有凝脂似的质感，层次丰富、嫩滑细致。外形、色泽、肉质近乎完美。最好的猫山王榴梿不是单纯的甜味，而是甜香中带有一点点的苦味。猫山工榴梿在马来西亚是属于超珍贵的品种，它也是国内能吃到的品质最高的榴梿。

美食巡天下　文莱、东帝汶

一、文莱

文莱，全名文莱达鲁萨兰国，又称文莱伊斯兰教君主国。文莱位于亚洲东南部，加里曼丹岛西北部，北濒南中国海，东南西三面与马来西亚的沙捞越州接壤，并被沙捞越州的林梦分隔为不相连的东西两部分。文莱是世界上最富有的国家之一，石油和天然气的储量和产量丰富。

文莱的饮食与马来西亚的口味十分相似，但是又略重一些。主食以米饭、面食为主，小吃比较著名的有沙爹肉串，整只的烤鱼、烤鸡等。文莱当地还有很多热带水果，如芒果、榴梿等。文莱的特色美食有椰浆饭、文莱烤鱼、西米饭、三色奶茶、榴梿、马来糕点、叻沙、虾片、沙爹肉串、烤鸡屁股等。其中，西米饭和三色奶茶尤为出名。

1. 西米饭

西米饭是文莱最具特色的传统美食之一，很受当地人的喜爱。具体的做法是将椰子树芯磨成粉，加入热水搅拌，冷却后形成浓稠剔透的糊浆状，蘸上特制的调料或佐以不同的蔬菜食用。西米饭口感软糯，与以虾肉、榴梿、酸橘、辣椒等制作而成的酸甜酱一起入口，风味独特。

2. 三色奶茶

三色奶茶的底部是棕黑色的椰糖和小麦糖，中间部分是牛奶，顶部则是橘色的茶，虽然是简单的奶茶，却以极富创意的色彩造型呈现在食客面前。饮用时先将奶茶搅拌均匀，然后细细啜饮，体会椰糖的甘甜和茶的芬芳。

文莱首都斯里巴加湾市有各种美食广场、小吃摊位和餐厅，包含了世界各个地区的风味菜。此外，文莱是伊斯兰教君主国，清真食品做得非常好，除了糕点，还有夜市小摊上的各种油炸点心，形状各异、色彩纷呈，将热带、亚热带地区特有的风情体现在食物上，更引人垂涎。

二、东帝汶

东帝汶位于印度尼西亚东南部，东南亚努沙登加拉群岛的最东端。东帝汶成立于2002年8月，是世界上最年轻的国家。东帝汶有90%以上的居民都信奉罗马天主教，所以，在东帝汶随处可见虔诚的教徒和美丽的教堂。

东帝汶物价昂贵，商业落后，无大型商业设施。当地无屠宰场，亦无卫生检疫，因此无新鲜肉类食品出售，只有从澳大利亚和印度尼西亚等运来的冷冻肉类。东帝汶的食物和印度尼西亚、马来西亚等周边地区大致相似，主要食用鸡肉、鱼肉、羊肉，辣椒和咖喱也是必不可少的。

　　东帝汶最有名的是有机咖啡。有机咖啡，是指咖啡树生长过程中，不添加任何化学物品，如不用农药、杀虫剂、除草剂，完全使用天然的方法。咖啡收割之后，一定要经过有机认证的烘焙工厂来对咖啡豆进行加工。有机咖啡采用的是在树荫下种植的咖啡豆，虽然在树荫下种植的方法产量不高，但是其品质却可达到极品咖啡的水准。这是由于在遮阴的条件下可以减缓咖啡树的生长速度，给予咖啡充分的成长，使其含有更多的天然成分、更上乘的口味与较少的咖啡因。

　　东帝汶有机咖啡是天气、土壤、耐心三者融为一体的完美杰作，一棵咖啡树需要生长五年才能开花结果，一磅咖啡大约需要 4 000 颗咖啡豆，完全以人工采收，而每一棵咖啡树每年所收获的咖啡果只够生产一磅烘焙好的咖啡豆，物以稀为贵。此外，东帝汶有机咖啡采用日晒处理法，稠度不输曼特林，却多了一股特殊的油腥味和沥青味，这和曼特林的土腥味所带来的风味有所不同。有机咖啡深受相当一部分咖啡爱好者的青睐。

马来辣味椰汁汤面

一、配方

原料	重量	原料	重量
黄油面条	180g	大蒜	5g
虾仁	50g	红辣椒	10g
鸡蛋	1 个	鱼露	10g
豆泡	30g	椰浆	50g
豆芽	20g	柠檬叶	1 片
红葱头	50g	叻沙叶	1 片
香茅	30g	南姜	30g
香椒油	10g		

二、制作方法

1. 将红葱头、南姜、香茅、大蒜、红辣椒分别切碎。

2. 制作叻沙酱备用。

3. 将鸡蛋煮熟，黄油面条焯水至断生。

4. 开火后锅中倒入适量色拉油及香椒油，将原料倒入锅内炒香。

5. 炒至出香味后加入叻沙酱，搅拌均匀，再加入鸡汤及柠檬叶。

6. 煮开后，关小火，淋入适量椰浆，放入虾仁、豆芽、豆泡及黄油面条，再次煮开后，加入鱼露调味即可。

小贴士：

　　此菜式为娘惹美食叻沙菜式的一种，也常改配米粉食用。"黄油面条"又称"福建面"，是制作福建炒面的一种面条。

三、产品照片

质量标准：

1. 色泽：汤汁偏红色。

2. 形状：汤汁状，条状。

3. 口味：咸鲜、微辣，有浓郁海米
及椰浆香味。

4. 口感：面条爽滑。

知识拓展：

东南亚各国的历史和文化背景不尽相同，礼仪也各有特点：

1. 不要摸小孩子的头

泰国人认为，头是人体最高、最为神圣的部分，尤其是孩子的头，被视为神明停留之处，所以，任何情况下都不能触碰小孩子的头部。

2. 不用左手传递东西

在东南亚部分国家，人们认为左手是不干净的，如果在和人交往过程中，用左手递东西或者握手，会被视为对对方的不尊重。

3. 与僧人交谈时要保持低姿态

在东南亚的佛教国家，和僧人交谈的时候，头不能高于僧人。即使是达官显贵，也要谨守这个原则。

4. 不可对佛教的人、事、物有不当行为

在东南亚的佛教国家，如果对僧人或者佛教相关事物有不当、轻率的行为，会被认为犯了"罪恶滔天的大罪"，会引起当地人的强烈不满。甚至不能将佛教的纪念品放置在地上，不能有随意玩弄、粗暴对待的举动。

美食巡天下 缅甸、老挝

一、缅甸

缅甸，全称缅甸联邦共和国。缅甸西南临安达曼海，西北与印度和孟加拉国为邻，东北靠中国，东南与泰国、老挝接壤。缅甸是一个历史悠久的文明古国，旧称洪沙瓦底。

在缅甸，90%的人信奉佛教，因而缅甸又被称为"佛教圣地"。佛教在缅甸已经有2 500多年历史，佛教徒崇尚建造浮屠，缅甸举国上下随处可见佛塔，林立的佛塔成了缅甸的一大特色美景。

缅甸向来号称东南亚最上镜的国家，寸寸成画作，处处皆风景。与其他喧哗繁华的东南亚国家的美不同，缅甸的美是质朴的美、空灵的美。旧朝古都曼德勒、佛教圣地蒲甘、仰光河、瑞德宫佛塔、茵莱湖、乌本桥等都是缅甸的观光胜地。

美食对于一个国家来说如同美景，也是必不可少的。每一个国家对于烹饪原料和烹调方式的选择都有自身强烈的地方和民族特色。缅甸盛产稻米，缅甸的基本食品是米饭和咖喱。缅甸人在饮食方面较为节俭，常以鱼虾酱、辣椒、煮豆、酸菜叶汤佐饭。

此外，缅甸濒海多河，鱼虾丰富，易捕捞，因此以鱼虾为原料制成的食品尤多。在缅甸，红葱酥、红葱油、干红辣椒、姜黄粉、鹰嘴豆粉、干虾研磨成的虾粉、鱼露以及经过发酵的虾膏等都是基础的调味料，罗望子肉和青柠檬也很常见，因此缅甸菜的口味以酸辣为主，讲究油、辣、鲜、酸、咸。烹调方法多以炸、烤、炒、凉拌为主。此外，以椰子和棕榈糖作为佐料的食品所占比例也非常高。因此，缅甸的食材和泰国、印度等邻国都有所类似，但是菜肴成品的味道又有一定差别。

1. 奶茶

由于缅甸人绝大部分都信教，民众对于酒精类饮料的态度非常保守，同时又受印度及英国殖民统治的影响，因此喝奶茶就成了缅甸人日常生活中非常重要的一部分——边喝奶茶边看报纸，又或者在聊天的时候边喝着奶茶边品尝各种炸制的小吃或面包。与广东人一样，缅甸人也有喝早茶的习惯。

2. 粉面类

在缅甸的大街小巷，粉面店铺随处可见，用来做粉面的原料也不尽相同，大米粉、小麦粉、鹰嘴豆粉等都是常用的原料，做出来的形状和国内的也基本相同，有米线、米粉、宽粉等。其中，一种被缅甸人称为"Mohinga"的鱼汤米线是缅甸人在除了以米饭为主食的中午以外的时段最喜爱的食物之一，"Mohinga"常用的汤底是鱼汤，米线用的多是又薄又细的米线。每个地区的鱼汤米线所用的鱼和汤底也是各有自己的特点：缅甸中部主要是以清汤为主，里面只有少量的鱼肉和其他炸制食物做成的拌料；而在南部，由于临海，鱼汤里鱼肉的分量会更多，味道偏酸；在西部沿海地区，鱼汤米线会更倾向于使用辣椒粉和辣椒膏。缅甸人常常喜欢吃早餐时点上一碗热气腾腾的米线，用这酸辣鲜香的美味开始新的一天。

3. 沙律类

缅甸国内种类最多样的食物非沙律莫属。在原料上，缅甸的沙律除了有用开水简单烫过的蔬菜之外，多用口味酸甜的水果（青芒果、柚子、葡萄柚等）、海鲜、鱼等。调味方面，缅甸的沙律通常会加入烤过的鹰嘴豆粉、红葱酥、红葱油、青柠檬汁或者新鲜的香草等配料拌匀。有时候也会加入花生碎、香蕉花等，调味一般不会过重，而是追求爽脆和柔软的口感以及味道上酸和甜的平衡。

基础款的沙律包括番茄拌花生沙律、烤茄子沙律、长豆角沙律、豆腐虾仁沙律、青芒果沙律和茶叶沙律等，其中，青芒果沙律和茶叶沙律是最具特色的两种。

青芒果沙律是将未成熟的呈青绿色的芒果摘下来切丝，拌上青柠檬汁、红葱油、红葱酥、虾粉以及少许辣椒制作而成，青芒果沙律口感爽脆，酸、咸、甜融合，十分开胃。

茶叶沙律则被誉为缅甸的国民菜。其一般是用发酵过的茶叶，茶叶带一点点的酸味，质感很软，经常和其他口感较脆的材料搭配，如烤过的花生、豆子、芝麻、干虾以及炒过的蒜一起吃，有的茶叶沙律还会加上一点切碎的番茄。在某些地区，如掸邦，茶叶沙律则是选用开水烫过的新鲜茶叶。通常茶叶沙律在饭桌上是充当甜点或者饭后点心的角色，而现在在缅甸街头，茶叶沙律也会作为特色小吃出售给本地人以及外地游客品尝。

4. 咖喱

缅甸的咖喱有着与印度、泰国等其他东南亚国家的咖喱截然不同的鲜明特色。缅甸咖喱的主要用料是河鱼和海鲜，此外，鱼干和虾干等干货都会用来调味。做出来的咖喱并不像一般的咖喱那样浓厚，但油分更重，也比泰国咖喱更辣。

不同地区的咖喱在味道和材料上有所区别：缅甸中部的咖喱通常用猪肉和鱼做主料，加上红葱丝以及姜黄粉，有时候也会用蒜以及一点干辣椒粉、姜等，蔬菜的比例很低，而掸邦地区的咖喱就会更多地依赖于新鲜的香草而不是干货，蔬菜的比重也比其他地区要高很多。

5. 甜点

不像西方的甜点，缅甸的甜点并不单独作为甜食来吃，而是作为小吃，经常和早餐或下午茶搭配在一起吃。而且，缅甸甜点的甜并不是单纯通过糖来获得，而是从磨碎的椰果、米粉、糯米饭、木薯粉和水果中获得甜味。比较著名的缅甸甜点是由椰汁、酥油和葡萄干混合的小麦粉做成的脆糕。

二、老挝

老挝，全称老挝人民民主共和国。老挝是一个位于中南半岛北部的内陆国家，北邻中国，南接柬埔寨，东接越南，西北达缅甸，西南毗连泰国。老挝深处东南亚内陆，境内80％的领土为山地和高原，且多被森林覆盖，所以有"印度支那屋脊"之称。

老挝人饮食简单清淡，多以香料调味，喜食糯米。老挝菜的特点是酸、辣、生。具有民族特色的菜肴有鱼酱、烤鱼、烤鸡、炒肉末加香菜、凉拌木瓜丝、酸辣汤等，蔬菜多生食。老挝人用餐一般都不使用刀叉和筷子，而是惯于用手抓饭。

1. 糯米饭

糯米饭是老挝人最爱吃的主食。糯米饭的做法是前一天晚上用冷水浸泡糯米，第二天清晨把米捞出放在一个竹编漏斗状有盖的容器内，将其套架在盛水的陶钵口上进行烧蒸。这种糯米饭黏性好，软硬适中，香甜可口。吃饭时，将煮熟的糯米饭盛在一种叫作"迪普考"的竹编小饭篓里，吃时，把饭篓的盖子打开，抓出一小团糯米饭，用手使劲攥、捏，然后蘸着用鱼露、辣椒等制成的调料一起食用。据说，饭团捏得越紧，吃起来越香。在农村，用餐没有固定的时间，人们经常是在清晨蒸一锅糯米饭，储放于陶罐内，供一家人全天食用，随吃随抓。

2. 竹筒饭

竹筒饭是将经过浸泡的大米、糯米或紫米加入适量鱼肉，有时加入椰子汁或椰蓉，混合后装入竹筒内，并用芭蕉叶封口，放在炭火上烧烤，竹筒变焦黑时，饭就熟了。劈开竹筒，可见一根长条饭上黏着一层竹膜，其味道清香可口，别具一番风味。

3. 腊普

"腊普"为老挝语"Lap"的译音，是一种颇具老挝民族特色的菜肴。一般的做法是将新鲜鱼肉或猪肉、鸡肉、牛肉、鹿肉等剁细，拌以辣椒、香菜、番茄、柠檬、葱、蒜、盐、鱼露等各种佐料制成，味道独特。腊普分生、熟、半生半熟三种。

4. 舂木瓜

制作舂木瓜有两道工序。其做法是先把木瓜切成丝，然后把新鲜辣椒、番茄、柠檬、盐、糖、味精、鱼露等放进石臼里，用石杵舂成糊状，再与木瓜丝一起拌匀，味道酸、甜、辣、咸兼备，并带有鱼露的特殊香气。

5. 考顿

考顿类似中国的粽子。浸泡过的大米或糯米加上猪肉、鱼虾、蘑菇及配料，用芭蕉叶包裹成长方形，再用细绳捆好，放入水中煮熟，味道非常诱人。

6. 皮阿

皮阿是一种汤菜，多取牛胃或食草鱼肚中未完全消化的草，加上配料煮成。

7. 烧烤

老挝人非常喜欢吃烧烤食物。烧烤的种类繁多，有猪肉、鸡肉、鸡胗、鸡翅、鱼、青蛙、香肠等，甚至一些蔬菜都用来烧烤。在街头路边经常可以看到烧烤摊，烧烤颇受老挝人，尤其是青少年的青睐。

模块五自我测验题

一、选择题

1. 马来辣味椰汁汤面的特色是( )。
   A. 咸鲜、微辣,汤汁有浓郁的椰浆香味
   B. 酸辣开胃,汤汁有浓郁的椰浆香味
   C. 味道甘甜,有当归及蒜头香味,猪肉味浓
   D. 味道甘甜,汤汁有浓郁的椰浆香味

2. 黄油面条又称( ),是槟城的一种美食。
   A. 粿条　　　B. 福建面　　　C. 切面　　　　D. 拉面

3. 煮制椰浆饭时需要放入下列哪种原料?( )。
   A. 香叶　　　B. 咖喱叶　　　C. 叻沙叶　　　D. 香兰叶

4. 以下哪类菜肴非新加坡的代表菜?( )。
   A. 星洲炒米粉　B. 海南鸡饭　　C. 胡椒蟹　　　D. 椰汁鸡汤

5. 餐厅中海南鸡饭的蘸碟一般包括( )。
   A. 姜蓉、辣椒酱、鸡饭老抽
   B. 姜蓉、泰国鸡酱、鸡饭老抽
   C. 蒜蓉、辣椒酱、鸡饭老抽
   D. 蒜蓉、辣椒酱、ABC 酱油

二、判断题

1. 星洲炒米粉中的“星洲”指的是“泰国”。 ( )
2. “炒贵刁”又称“炒粿条”,是由中国传至东南亚的特色美食。 ( )
3. 制作炒饭时最好使用隔夜饭,这样炒出的米饭不易粘连且富有弹性。 ( )
4. 娘惹美食融合了马来菜与中餐的烹调美味,叻沙是娘惹美食中最具盛名的一种。
 ( )
5. 海南鸡饭中光鸡的烹制工艺与粤菜白切鸡有相似之处。 ( )

参考文献

1. 李泽治. 美食大王（外国菜篇）［M］. 南京：江苏科学技术出版社，2007.
2. 高海薇. 西餐工艺：第2版［M］. 北京：中国轻工业出版社，2008.
3. 贺圣达. 东南亚文化发展史［M］. 昆明：云南人民出版社，2010.
4. 占美. 泰国菜［M］. 香港：万里机构·饮食天地出版社，2013.
5. 汤燕瑜，邬跃生. 东盟国家社会与文化［M］. 苏州：苏州大学出版社，2009.
6. 宋建华. 东南亚美食点菜高手［M］. 上海：上海科学技术出版社，2008.
7. 《环球旅游》编辑部. 东南亚一本就Go［M］. 北京：清华大学出版社，2013.
8. 郭建龙. 东南亚五国文化纪行·三千佛塔烟云下［M］. 北京：中国友谊出版公司，2014.

图书在版编目（CIP）数据

东南亚风味菜肴/王建金主编．—广州：暨南大学出版社，2017.9（2023.1 重印）
（食品生物工艺专业改革创新教材系列）
ISBN 978 - 7 - 5668 - 2187 - 4

Ⅰ. ①东…　Ⅱ. ①王…　Ⅲ. ①菜谱—东南亚—教材　Ⅳ. ①TS972. 183. 3

中国版本图书馆 CIP 数据核字（2017）第 219188 号

东南亚风味菜肴
DONGNANYA FENGWEI CAIYAO
主　编　王建金

出 版 人：张晋升
策划编辑：张仲玲
责任编辑：高　婷
责任校对：何鸿秀
责任印制：周一丹　郑玉婷

出版发行：暨南大学出版社（511443）
电　　话：总编室（8620）37332601
　　　　　营销部（8620）37332680　37332681　37332682　37332683
传　　真：（8620）37332660（办公室）　37332684（营销部）
网　　址：http：//www. jnupress. com
排　　版：广州市天河星辰文化发展部照排中心
印　　刷：广东广州日报传媒股份有限公司印务分公司
开　　本：787mm×1092mm　1/16
印　　张：10.75
字　　数：280 千
版　　次：2017 年 9 月第 1 版
印　　次：2023 年 1 月第 4 次
印　　数：4501—6000 册
定　　价：49.80 元

（暨大版图书如有印装质量问题，请与出版社总编室联系调换）